人工智能与大数据

（卷1）：基础概念和模型

Artificial Intelligence, Analytics and Data Science

Volume 1: Core Concepts and Models

[新加坡] 周志华（Chew Chee Hua）著

王俊峰 马立新 译

人民邮电出版社

北京

图书在版编目（CIP）数据

人工智能与大数据. 卷1，基础概念和模型 / （新加坡）周志华（Chew Chee Hua）著；王俊峰，马立新译. -- 北京：人民邮电出版社，2022.4
ISBN 978-7-115-57575-3

Ⅰ. ①人… Ⅱ. ①周… ②王… ③马… Ⅲ. ①人工智能②数据处理 Ⅳ. ①TP18②TP274

中国版本图书馆CIP数据核字(2021)第202735号

- ◆ 著　　　　［新加坡］周志华（Chew Chee Hua）
　　译　　　　王俊峰　马立新
　　责任编辑　王峰松
　　责任印制　王　郁　焦志炜
- ◆ 人民邮电出版社出版发行　　　北京市丰台区成寿寺路 11 号
　　邮编　100164　　电子邮件　315@ptpress.com.cn
　　网址　https://www.ptpress.com.cn
　　雅迪云印（天津）科技有限公司印刷
- ◆ 开本：720×960　1/16
　　印张：19.25　　　　　　　　2022 年 4 月第 1 版
　　字数：264 千字　　　　　　 2022 年 4 月天津第 1 次印刷
　　著作权合同登记号　图字：01-2021-0893 号

定价：119.90 元
读者服务热线：**(010)81055410** 印装质量热线：**(010)81055316**
反盗版热线：**(010)81055315**
广告经营许可证：京东市监广登字 20170147 号

内容提要

　　本书介绍了人工智能和大数据涉及的核心概念和模型。书中涉及概念包括监督学习、非监督学习、数据结构、可视化、线性回归、逻辑回归、分类回归树、神经网络等。同时，本书理论和实际并重，基于真实的实例和数据集，引入 R 语言并演示操作过程，为读者展示解决实际问题的代码，从而让读者掌握在实际生活中解决相关问题的方法。

　　本书适合想要综合学习人工智能、大数据和数据科学，尤其是想要依靠这些学科解决实际问题的人阅读，也适合作为相关课程的参考教材。

前 言

　　2003 年，作为一名年轻的统计学研究学者，我偶然发现了（统计学）名誉教授 Leo Breiman 的著作。他的书 *Classification and Regression Tree* 激发了我对机器学习的兴趣，并改变了我的事业和生活。记得当时我这么跟自己说："统计学本就该这么教、这么用。"关注的重点是真实数据和实际问题而不是纯粹的数学公式推导，是使用数学去解决真实问题，是计算而不是数理证明，是使问题简单化而不是复杂化。

　　在接下来的 15 年里，我不断自学、测试、实施，并向无数的公司、政府机构人员和本科生、研究生等学生教授数据分析、数据科学和人工智能。我曾努力但未找到一本能适用于或有助于我的客户和学生的书。Leo Breiman 教授的书只包含一个预测模型（分类回归树），在学习这个特定模型的时候他的书无疑很好。但是在成功的实践和应用中，还存在许多其他的模型和除模型外的必须要考虑的因素。当然，也有一些涵盖了更多的内容的优秀作品，如 Hastie、Tibshirani 和 Friedman 的 *Elements of Statistical Learning*，但我知道，我的大多数客户和学生并不能从这些书中受益，因为这些书对读者的数学水平要求偏高。还有许多其他书对读者的数学水平的要求要低得多，但这些书可能缺少一些基本的考量：它们对关键概念和模型的阐释和解读过于肤浅，甚至在某些情况下，是完全错误的。这是非常危险的，尤其如果把错误的程序或解释方法用在了至关重要的问题决策上，会导致严重的后果。

　　你手中的这本书是我在过去多年一直为我的各个行业的客户和学生寻找的理想作品。你可能已经在学校或其他地方学到了书中的一些主题，但是，读了这本书，你仍会学到一些新的、有用的知识。这些内容在各种大学课程和企业培训研讨会上都有教授，学生和课程参与者的常见反

馈是"我现在终于明白为什么……了"。我的一位教授同行读了前两章后评论："这本书让我开始仔细思考……"

我们生活在一个激动人心的时代，数据分析、数据科学和人工智能将改变世界，这种趋势要比过去十年更加明显。这本书将让你更清楚地去理解、去影响、甚至去领导未来十年的一些变化。

我希望这本书能在你学习数据分析、数据科学和人工智能，并将其用到你的工作领域时能带来快乐、灵感和信心，并能改变你的事业和生活，就像 Leo Breiman 教授的书启发和改变了我的事业和生活那样。

Chew Chee Hua 谨启

 本书的目标读者

这本书面向四类读者：

1. 专业从事数据分析、数据科学和人工智能的本科生；

2. 专业从事数据分析、数据科学和人工智能的硕士研究生；

3. 组织数据分析、数据科学和人工智能方面的企业培训讲习或研讨会相关人员；

4. 对应用数据分析、数据科学和人工智能感兴趣的咨询客户。

传统人工智能算法的设计目的是欺骗人类，侧重于让人以为是在和真人而不是计算机程序交谈。作为图灵测试的遗产，这无可厚非。在现代人工智能中，算法设计的重点则是使程序能够自我学习和改进预测系

统的准确性，或提升自身的性能，而无须人工参与显式编程——这就是人工智能领域的机器学习分支。只要这些算法设计在我们的工作或生活中能给我们智能化的帮助，我们就可以放心地与聊天机器人交谈，并使用计算机程序。计算机不再需要努力将自己伪装成人来欺骗我们。

本书中的内容、使用的 R 语言脚本、相关配套资源均已在大学和企业培训研讨会上进行过课堂测试。

参加这些培训研讨会的组织包括 Google、埃森哲、巴克莱银行、新加坡中央公积金局、瑞士信贷集团、星展银行、Grab、新加坡住建部、惠普、IBM、综合健康信息系统、新加坡国际企业发展局、新加坡裕廊公司、M1、新加坡政府部门、新加坡南洋理工大学、新加坡国立大学及其卫生系统、华侨银行、新加坡海军部队、新加坡航空、新加坡中央医院、新加坡管理大学、新加坡警察部队、新加坡能源、Singtel、索尼电子、Starhub、ST Engineering、淡马锡、Uber、VISA、美国富国银行等。

我的咨询客户包括创始人、首席执行官、董事、研究和分析主管、规划主管、专科医生、工程师、教授等。咨询工作包括针对特定应用的数据分析、人工智能技术的咨询或开发。

我的学生和咨询客户促成了我编写本书。如果你有任何反馈或建议的内容，也请让我知道。

相关软件

现在有很多用于数据分析、数据科学和人工智能程序的软件，例如 R、Python、SAS 和 SPSS。它们各自具有不同的能力等级和接口。为了确保初学者学习过程的一致性，考虑部分大学教学的要求，我们在本书中将重点介绍免费开源的软件：R。当然，无论你选择哪种软件，背后的知识概念都是一样的。

本书中的教学内容和 R 脚本已在几个大学和企业培训研讨会上进行了课堂测试，融合了我超过 15 年的咨询、实施和教学经验。

如果你是一个没有任何编程背景的初学者，只需要简单地运行我提供的 R 脚本即可复现书中的输出结果，你还可以自行对数据集和项目进行轻微的修改。我的大多数商学院学生都没有编程背景，但可以修改我的脚本来在 R 中完成工作。即使没有编程背景，你也可以使用 R 进行计算。我的目标是把课堂时间用在手动计算活动上，学生们可以在课前或课后再阅读本书。

如果你从未安装过 R，请参阅附录 A 中的简短安装说明。或者，使用搜索引擎随时获得说明。你将需要安装 R 和 RStudio，这两个软件都是免费的。

这是一本用于学习数据分析、数据科学和人工智能，而不是 R 语言编程的书。我们只是使用 R 作为执行程序的工具。为了验证技术的正确性，我们是在使用 R 脚本而不是用 R 语言从头编程。我们使用由其他人编写的流行的 R 包，并编写简单的脚本激活这些包来执行工作。实际的代码编程已经由包的创建者编写好了，可供任何人使用和利用。

资源与支持

本书由异步社区出品，社区（www.epubit.com）为你提供相关资源和后续服务。

配套资源

本书提供如下资源：

- 配套源代码；
- 示例程序涉及的数据集。

要获得以上配套资源，请在异步社区本书页面中点击 ，跳转到下载界面，按提示进行操作即可。

提交勘误

作者和编辑尽最大努力来确保书中内容的准确性，但难免会存在疏漏。欢迎你将发现的问题反馈给我们，帮助我们提升图书的质量。

当你发现错误时，请登录异步社区，按书名搜索，进入本书页面，点击"提交勘误"，输入勘误信息，点击"提交"按钮即可。本书的作者和编辑会对你提交的勘误进行审核，确认并接受后，你将获赠异步社区的100积分。积分可用于在异步社区兑换优惠券、样书或奖品。

扫码关注本书

扫描下方二维码，你将会在异步社区微信服务号中看到本书信息及相关的服务提示。

与我们联系

我们的联系邮箱是 contact@epubit.com.cn。

如果你对本书有任何疑问或建议，请你发邮件给我们，并请在邮件标题中注明本书书名，以便我们更高效地做出反馈。

如果你有兴趣出版图书、录制教学视频，或者参与图书翻译、技术审校等工作，可以发邮件给我们；有意出版图书的作者也可以到异步社区在线提交投稿（直接访问 www.epubit.com/contribute 即可）。

如果你所在的学校、培训机构或企业想批量购买本书或异步社区出版的其他图书，也可以发邮件给我们。

如果你在网上发现有针对异步社区出品图书的各种形式的盗版行为，包括对图书全部或部分内容的非授权传播，请你将怀疑有侵权行为的链接发邮件给我们。你的这一举动是对作者权益的保护，也是我们持续为你提供有价值内容的动力之源。

关于异步社区和异步图书

"异步社区"是人民邮电出版社旗下 IT 专业图书社区，致力于出版精品 IT 技术图书和相关学习产品，为作译者提供优质出版服务。异步社区创办于 2015 年 8 月，提供大量精品 IT 技术图书和电子书，以及高品质技术文章和视频课程。更多详情请访问异步社区官网 www.epubit.com。

"异步图书"是由异步社区编辑团队策划出版的精品 IT 专业图书的品牌，依托于人民邮电出版社近 30 年的计算机图书出版积累和专业编辑团队，相关图书在封面上印有异步图书的 LOGO。异步图书的出版领域包括软件开发、大数据、AI、测试、前端、网络技术等。

异步社区

微信服务号

目录

第1章
介绍和概述

数据分析、数据科学和人工智能（Analytics，Data science and Artificial intelligence，ADA）并不是新事物，它们已经出现了大概50年。只是现在它们在商业公司和政府部门的眼中又有了新的含义、利益关系和随之而来的新的发展优先级。从各国间正在进行的人工智能领域的竞争，到新加坡的"智慧国家"计划，全世界的政府都加入了ADA领域的追逐。领军企业已经尝试到了成功的滋味——他人还在构建和测试ADA能力的时候，它们已经在强化其ADA能力并创造出新的商业模式了。为了激励你开始你的ADA学习之旅，下面是一些简短且真实的成功案例。这些团队的成功正是建立在对ADA的高度熟练运用上的。

1.1 主要的成功案例和应用

下面是几个人工智能与大数据在完全不同的行业和应用所取得成功的简短案例。你和你的公司同样也可以取得成功，甚至做得更好。

1.1.1 Netflix 的 120 亿美元营收目标

当我2004年第一次向我的新加坡客户提起Netflix（图1.1）时，没人听说过这个公司，直到最近几年，这家公司在新加坡设置了办公室，大家才开始了解它。这是一家优秀的公司，击败重重困难并从同行中脱颖而出，从1998年的几乎一无所有，发展到2017年收入120亿美元的繁荣景象。而它所做到的仅仅是告诉你，你想看哪些电影。

图1.1　Netflix（图源：istock网站）

Netflix在1998年以在线DVD租赁业务起家。这家公司没有让顾客查看电影标题并和工作人员讨论观影爱好的实体店铺。因此，为了在电影租赁行业打败同行存活下来，Netflix的员工知道他们必须比竞争者更好并更快地了解顾客需求。如果哪一天Netflix做到甚至比顾客自己更加了解自己，团队又该怎么办？因此，他们收集了观影反馈和顾客的信息数据，并开发了具有自主产权的分析模型。该模型可以向顾客推荐他们可能喜欢的电影。如果这个分析模型有效，顾客将会对系统的推荐感到有信心，Netflix就会越来越好，相反Netflix就可能倒闭。

到了2006年，这个电影推荐系统的性能已经强大到Netflix愿意拿出100万美元来悬赏任何能将其模型的运行效率提高至少10%的人或组织。条件是，胜利的队伍要向Netflix展示他们模型的工作机制，以便Netflix将其整合进自己的模型中。

足足三年后，才有一支队伍赢得该奖金。这支队伍的模型可以将性能提升10.06%。

那么，用于判断模型的预测性能的模型评估标准是什么；Netflix怎么能确保他们悬赏来的模型确实运行良好，而不是靠着一些预选好的样例数据，或者是与模型质量无关的其他随机因素，制造出让模型性能提升的假象——这些将是你在本书中需要思考的重要内容。

1.1.2 在医院急诊部使用有限的信息拯救生命

医院急诊室的医生和护士承受的压力是巨大、残酷、反复的（图1.2）。在20世纪70年代末，压力的一个主要来源是医护人员对到达急诊室心脏病患者的治疗。简单地说，心脏病发作患者分为两种：一种是高

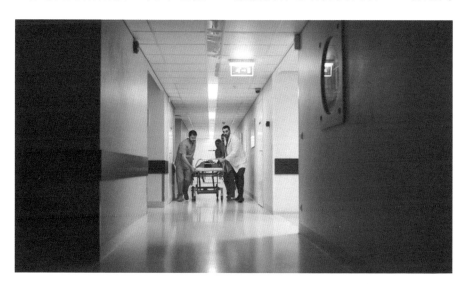

图1.2　医院急诊室（图源：iStock网站）

危患者，对于他们来说，当前的心脏病发作只是下一次发作的预兆，下一次心脏病发作很快就会到来，并导致患者死亡；另一种是低风险患者，对于他们而言，当前的心脏病发作只是一次偶尔的事件，即使是最低程度的医疗救治手段，也可以帮助他们很快恢复。

为了防止高危患者的第二次心脏病发作，有必要给他们及时注射某种药物。然而，这种药物可能会有严重的、甚至危及生命的副作用，如导致内出血。因此，医生希望只有当患者真的处于高危状态时才注射药物。急诊科的医生经常需要在没有血液检测结果的情况下，根据非常有限的信息，尽快决定是否注射，因为时间正在飞速流逝。

医生们最终向Leo Breiman教授求助。咨询教授能否根据在病人入院急诊室后24小时内收集到的19个无创体征数据（如体温、血压等）开发一个简单、快速、易用的模型？该模型在评估心脏病患者的风险方面需要比科室医生具有更高的准确性。

Leo Breiman教授创造了分类回归树模型。这个模型的预测精度超过了急诊部门的科室医生，甚至可与心脏病专家相媲美。也就是说，在没有血液检测结果的情况下，该模型在诊断的准确性方面与心脏病专家的表现基本相同。

这是分类回归树模型诞生的真实故事。但是，是什么让这种模型如此简单、快速、易用呢？只有有限甚至缺乏统计学理论培训的医生和护士们如何能够理解并使用这个模型做出的、关乎生死的医疗决策？

这个令人着迷的模型将在第8章中得到详细解释。事实上，这也是本书中最重要的"巅峰"模型，因为它非常自然地实现了许多"开箱即用"的、基本的ADA概念，其中一些概念在今天仍然属于高级概念。

1.1.3 癌症诊断与损伤预后

在医疗诊断（图 1.3）方面，人工智能已逐渐崭露头角。新华网曾发表一篇新闻称"AI 在癌症病情诊断的竞赛中击败了精英医生"[①]。新闻中介绍到，在近百分之九十的病例中，AI 可以在 15 分钟内就做出正确的诊断，而来自顶级医院的 15 名医生花费了两倍于人工智能所需的时间，却也仅仅只取得了 66% 的准确率。

在脑血肿扩大的病例上，AI 的得分为 83%，高于医生的 63%。这显示了中国发展人工智能的愿景。尽管 AI 使用的诊断预测模型并没有公开，但在人工智能方面，最常见的模型无外乎两种，一种是以前的神经网络，另一种则是最近的深度学习。

2016 年，我与一个学生将多变量自适应回归样条线（Multivariate Adaptive Regression Splines，MARS）与神经网络相结合，在通过数

图 1.3 在生物医疗实验室里的科学家们（图源：iStock 网站）

[①] 参见 Yamei 于 2018 年 6 月 30 日发布于新华网的文章 "China Focus: AI beats human doctors in neuroimaging recognition contest"。

字化扫描发现乳腺癌方面突破性地实现了98%的诊断精度。

我们将在本书中学习神经网络，然后在本系列图书的卷2中学习MARS。

1.1.4 从零开始使用低预算连续赢得 20 场比赛

一个资金不足、在棒球比赛（图1.4）中屡屡失利的球队怎么会突然连续赢得20场比赛呢？这个闻所未闻的真实故事被拍成了由 Brad Pitt 在2011年主演的电影《点球成金》。在 2015年，我碰到了一个爱好预测足球比赛结果的学生。我们创建了一个由不同模型——逻辑回归、神经网络、分类回归树等——组成的混合体。混合体汇总分析这些模型的输出以提高准确性。你将在这本书中学到这3种模型。

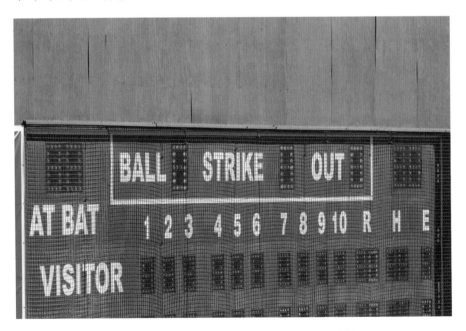

图1.4　棒球比赛记分板（图源：iStock网站）

1.1.5 壳牌公司深海石油钻探的预测性资产维护

壳牌公司是早期就在资产维护工作上运用分析学原理并取得成功的公司之一。设备故障引发的停工、诊断和修理都是极度昂贵和耗时的，特别是当故障涉及深海石油钻探（图1.5）时。但是，我们如果能预测设备发生故障的时间和位置，就可以提前采取预防措施，避免设备故障。壳牌公司在深海石油钻探设备上部署了众多传感器来收集多个点的数据，并使用数据分析模型来分析数据。

在某些情况下，设备故障还不仅仅涉及时间和金钱。据估计，80%的煤矿事故是由设备故障造成的。如果已经尽可能地应用了已知的工程学公式和专家意见，而故障和事故依然在发生，那么为什么不进一步测试和部署数据分析或AI模型呢？

图1.5 一个石油钻井平台（图源：iStock网站）

1.1.6 预测选举结果

在2012年的美国总统选举初期，就可见分析驱动型竞选策略的影子，包括招聘分析人员、建立数据库、搭建预测模型等。竞选经理对分析人员说："你如果没有输入数据，就没有完成这项工作。"这些数据被输入到了分析模型中，以了解和预测选民在个人层面上的行动。

之后的2016年美国总统大选将出现一个对ADA有巨大影响的新问题——虚假新闻和数据。目前，我们使用的预测模型总是假设输入模型的大部分数据是正确的，认为虽然数据可能会出错或缺失，但这种情况相对较少。但是，如果输入的大多数据都是错误的——甚至更糟糕的情况——是故意伪造的呢？现在，我们已经看到了致力于检测虚假新闻的公司（如Snopes）的诞生，技术公司们也签署欧盟的虚假信息业务守则，宣布将打击虚假新闻。

在2019年5月的欧洲议会选举和即将举行的几个大选之前，欧洲的安全专员Julian King "批评了三家公司（Facebook、Google、Twitter），根据月度报告，这些公司在打击虚假新闻方面缺乏进展"[①]。如果假新闻通过这些平台进行了传播，并干扰了选举，政府将会发布更多的法律法规要求。

2019年5月8日，新加坡议会通过了一项禁止假新闻的新法案："一位部长将负责决定是否对互联网上的某个谎言采取行动，可以要求把它删除，也可以要求纠正它。"[②]

该法案公布后，一些公司和代表互联网和科技巨头的行业集团对新加

---

① 参见Foo Yun Chee于2019年2月28日发布于Reuters的文章 "Google, Facebook, Twitter fail to live up to fake news pledge"。

② 参见Tham Yuen-C于2019年5月9日发布于Straits Times的文章 "Parliament: Fake news law passed after 2 days of debate"。

坡的该提案表示了担忧，称这是"此类迄今为止影响最为深远的立法"[①]。

2019年6月3日，Twitter收购了开发机器学习算法以检测假新闻的初创公司Fabula AI[②]，将后者的工作用于进一步发展机器学习的技术和能力。

1.1.7 星展银行预测现金需求和优化调度

想象一下你去取钱，却发现自动取款机（图1.6）内没有现金了，你会作何感受？星展银行由1100台自动取款机组成的网络，每月需要处理超过2500万笔交易。为此，银行的团队建立了一个分析模型，

图1.6　自动取款机（图源：iStock网站）

---

① 参见Melissa Cheok和Juliette Saly于2019年4月15日发布于Bloomberg的文章"Singapore's Fake News Bill Set to Become Law in Second Half of Year"。

② 参见Paul Sawers于2019年6月3日发布于Venture Beat的文章"Twitter acquires Fabula AI, a machine learning startup that helps spot fake news"。

用于预测单个机器级别的现金需求。一旦预测的准确性得到验证，预测的现金需求就会用来优化现金押运工作。为了预估机器内现金耗尽的概率，可以采用逻辑回归或分类回归树。本书将详细解释这两个模型。

1.1.8 新加坡税务局检测税务欺诈

一个欺诈和洗钱检测系统由业务规则与分析模型相结合而成。业务规则包括黑名单、危险信号等，这些规则善于基于数据（图1.7）检测重复和相对不老练的犯罪行为。分析模型则擅长检测新型的复杂犯罪，但如果调整不当，模型通常会有很高的误报率。检测系统发出警报的方式是给一个可疑活动打上标记，之后还需要进行案例管理和调查工作来人工确认。在这里，分析模型还可以在确定对可疑案例进行调查的优先级方面发挥作用。

通常，逻辑回归被看作分析模型基准，因为它原生地可以提供可用于推导出欺诈概率的统计学优势。更高级的方法是使用分类回归树

				Jul	Aug		Oct	Nov	
0.45	1	7.25	0.54	3.25	8.39	1.7	5.82	1.12	
5.75	56	8.25	3.25	4.8	3	6.05	10.25	14.38	
9	3	10	25.6	12.59	17.98	15.26	129.85	74.42	
7.02	18.44	20.77	5.86	3.96	6.6	1	0	11.2	
0	3	1.5	4	0		0.5	11	6.5	
3.11	0	0.5	0	0.37	0	0	0	11.5	
3.13	2.7	53.32	2.36	0.3	1.21		22.06	2.24	
3.81	9964.9	9964.76	1106	13945.79	14851.18	17625.5	19138.99	20234.06	
9.96	149.99	211.18	54.31	453.65	229.93	59.97	139.96	299.93	
Mar	**Apr**	**May**	**Jun**	**Jul**	**Aug**	**Sep**	**Oct**	**Nov**	
2.65	13359.77	14016.76	1694.89	12901.21	12625.01	13686.73	213.05	12941.58	1
5.57	925.61	1232.46	1046.6	1152.52	1210.19	2180.86	2100	1938.61	
1.89	2990.29	3408.59	445.21	3400	2956.12	3779.39	325.32	3003.2	
2.52	340.83	445.02	491.75	442.9	443.92	603	774.39	696.84	
4.23	8953.65	8323.28	228.76	5744.81	4654.11	6468.39	6983.6	6088.4	
92.9	1675.65	1859.25	178.12	1914.77	1830.85	2268.69	165.45	2480.94	
1.67	911.7	860.27	3.35	979.59	847.94	1067.62	1163.01	1107.32	
7.45	482.46	561	5.83	515.79	558.06	645.75	549	589.68	
5.55	419.47	390.96	39.2	403.78	402.73	329.75	367.56	313.65	
59.8	57.72	80.6	43	87.88	35.36	74.4	85.28	56.68	
4.08	1.24	0.99		17.86	1.88	57	1.3	0.71	
0.75	1	0.75		0.25	3.70		0	2.5	
4.74	196.66	313.82	14			710.8	794.06	738.56	
3.24	173.81	308	22.03	191.87	172.88	153.71	119.41	121.48	
0.2	0.2		14.44	0	20.7	0.19	0	7.47	
2.35	30.8		16.55	23.4	30.25	28.35	45.7	28.85	
53.3	20.33		15.4	15.92	29.29	18.99	44.92	88.48	
2.98	7		1.26	0.62	1.72	35.5	238.59	205.46	

图1.7　金融报表中的数据（图源：iStock网站）

以生成决策规则。在经过验证后，某些决策规则还可以升级为危险信号规则。本书第7章将介绍逻辑回归如何计算出事件的概率，第8章将介绍分类回归树如何生成决策规则。

1.1.9 违规和欺诈贷款风险检测

面对大量贷款申请（图1.8），除了审查交易或应用程序以防范欺诈行为外，也可使用ADA来审查内部操作。你可以使用分类回归树对操作数据进行分析，而不必要求进行内部审计、访谈员工或阅读大量文档。由此产生的决策规则将揭示可能存在的欺诈活动和具有危险信号的违规流程。

分类回归树所具有的巨大能量，在于它具有完成如下两件事的能力。首先，它可以同时分析所有的潜在变量因素，而无须顾及变量的

图1.8　贷款申请表（图源：iStock网站）

数量或缺失值。其次，它能根据变量间的交互影响，自动发现对预测结果有重要意义的变量，无须人工投入或干预就可以生成决策规则。

1.2 适合 ADA 解决的问题特征

1.1节中列举了人工智能在各自不同的行业或领域所取得的主要成功案例，目的是展示ADA的巨大潜力和广泛应用。但是，并非所有问题都可以或应该通过ADA中的预测模型来解决。适合ADA解决的问题需要具有以下特征：

- 需要预测；
- 不充分的了解程度；
- 存在训练数据。

在上面3个特征中，最重要的特点是，为了解决这些问题，我们需要对问题或相关问题的结果进行预测，这些预测结果对于成功解决这些问题有帮助，而且最好还是至关重要的。我每次都会在新课堂上提到，如果你所需要解决的问题只是汇报过去一年的业务表现，那么就不需要一个预测性的答案。又比如在考勤表上签到，这个问题也不需要使用ADA：尽管我们正在学习预测模型，但我们不需要在签到表上进行预测性考勤。

脱胎于ADA的预测模型，本质上是一种统计学模型，该模型的可用性也基于现有数据。这反映出我们对活动的内部过程或机制缺乏完整的了解。例如，我们完全知道如何通过一个圆的半径计算出圆的面积：$A=\pi r^2$，所以不需要开发预测模型来预测圆的面积。但是，我们对一个人如何患上癌症、某笔金融交易是否存在欺诈行为或明天的股价会发生什么变化等问题的了解都不完整，因此需要建立一个预测模型来提供统计学的答案。

既然我们对问题领域的知识了解不充分，有时甚至一无所知，那么我们如何开始搭建预测模型呢？一种办法是向模型提供包含我们需要预测的结果变量和因变量的历史数据，也许要先让模型处理足够多的历史数据（比如1000、10000、100万条记录等，具体需要投入多少历史数据，取决于需要解决的问题的复杂度）。模型能够自动地识别变量之间的关联和模式，并呈现为运算结果。

1.3 数据分析、数据科学和人工智能的区别

在新闻、出版物和工作技能的要求中都出现了许多与ADA领域密切相关的术语。根据你所在的研究领域的不同，这些术语也会有各种不同的解读。而这些分歧源于对它们的发展和演变贡献最大的共同根源——统计学和计算机科学对于同一个术语具有不同的解释。

运筹学与管理学研究协会（INstitute For Operations Research and the Management Sciences，INFORMS）将数据分析定义为"将数据转化为帮助做出更优决策的洞察能力的科学过程"，里面的关键词是"决策"。所有分析的项目都是从要解决的业务问题或要抓住的机会开始的。业务是第一位的，分析技术（所谓"数据分析"，或随便你怎么称呼）只是工具。

统计学领域将数据视为总体中的一个样本，但其中也有一些子领域主要关注数据的数学分布而不是数据本身。数据科学侧重于数据本身，并希望找到分析和呈现数据的方法，以得出经过统计验证的结论。

人工智能规定使用算法赋予机器人类般的智能，使其实现类似人类的交互行为，但具有远超人类的计算性能。机器学习是人工智能中的分支，关注的是一种不同的智能特征，而不仅仅是简单而笼统地追求让机器更像人。机器学习希望机器能够通过经验来学习和改进，而数据代表了经验。不同的学科领域有不同的哲学方法和愿景，但它们的共同点就是需要数据。即便如此，不同的学科对数据的看法也不同：统计学将数据视为来自总体的一个样本，人工智能将数据视为可用来模拟的人类交互行为库，机器学习将数据视为学习经验。合理而

多样的观点对科学研究是一件好事。重要的概念和模型都产生于思想和观点的相互融合。图1.9展示了业务、数据科学和AI三者的关系。

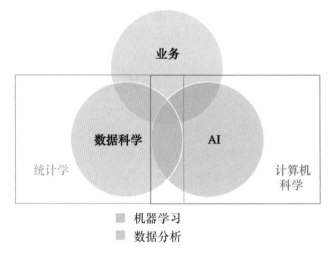

图1.9　业务、数据科学、AI和它们之间的交集

那些为应对业务挑战和机遇而构建的成功、可持续的解决方案可以对真实世界进行预测，这些方案正是数据分析、数据科学（包括可视化）、机器学习和非机器学习AI等不同学科的巧妙融合。

1.4　analysis 和 analytics

许多初学者会将analysis与analytics混为一谈[1]。但是在ADA领域，我们通常认为，在analysis的概念中，分析历史数据是为了报告历史绩效或事件。相比之下，在analytics的概念中，分析历史数据是为了预测未来。analysis着眼于历史，而analytics则着眼于未来。

如果你是在汇报工作或其他已实现的目标，则所有必要、充足的信息都在历史数据中，足够让你准确地汇报。这种情况下，你也没有

---

[1]　analysis和analytics都可以翻译为"分析"，而ADA中的"分析"是指analytics。本节是在辨析二者的概念。——编者注

预测的需求。

1.5 组织 ADA 能力的发展曲线

为了帮助企业了解ADA的能力发展、协助企业对自身ADA发展能力进行定位，显示成长轨迹和期望是一个好方法。图1.10是我对组织的智能能力成长路径的理解。

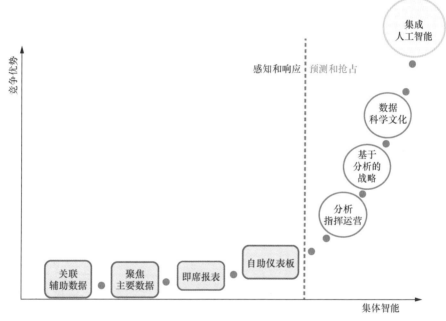

图1.10　集体智能能力的发展曲线

图1.10的左半部分涉及感知和应对观察到的挑战和机遇的能力，其中元素具体解释如下。

关联辅助数据

当我们成功地将不同来源和类型的辅助数据联系起来时，更全面的"真理"就浮现出来了。这里，我们假定事实是可以交叉验证的，而声明和假设可以得到证实。

15

聚焦主要数据

我们能够定义和收集所需的准确数据时，就获得了专有的私人知识。将这些数据关联到相关的辅助数据，就可以获得专有的观点和见解，仿佛让它们从广大的数据海洋中浮现。

即席报表

生成标准和客制化的即席报表（ad hoc report）的能力，可以为制定决策提供重要的见解。组织只有具备了交互式的按需定制和快速生成报表的能力，才能进行灵活的假设和敏捷的探索。

自助仪表板

可以通过自助仪表板（self-service dashboard）对数据和其分析结果进行快速和交互式的探索。可视化和报告工具对于汇报过去的工作来说已经够用了，但对于规划未来，仅仅有这两样工具还不够。人类的大脑在同一时间只能考虑非常有限的变量。我们需要模型和计算机来帮助处理多种潜在变量的影响，从而更有效地规划未来。

图1.10的右半部分概述了预测和抢占未来挑战和机遇的能力，其中元素具体解释如下。

分析指挥运营

分析模型经过测试后被应用在指定的操作和流程中。运营活动可根据分析模型输出的结果进行优化，从而变得效率更高、成本更低、风险更低。因此，分析的价值毫无疑问地得到证明。

星展银行的运营中心有一个已证实的成功应用案例，将预测现金需求分析与规范性计划分析相结合，以优化运营工作，降低了风险和成本。

基于分析的策略

现在，可以基于数据分析来为公司制定新战略。公司的创始人和领导者信任并依赖基于数据分析的战略来创造影响力并交付成果。新的商业模式被创造出来，使组织焕发活力、打破现状。这塑造了行业中富有远见的领导者。1998年成立的Netflix信任并依靠数据分析来更好地了解客户，这样能比零售竞争对手甚至客户本身都能更好更快地了解客户。由此，到了2017年，Netflix的年收入增长到了120亿美元。

数据科学文化

在这个阶段，数据分析和数据科学的思维和方法在整个组织中已经变得无处不在了。新的想法和模型是建立在集思广益、不断争辩、测试和定期改进的基础上的。组织不再处处充满人人怀疑的气氛，而变得兴奋而进取；大家不再怀疑"这个能有用吗"，而开始思考"我们如何使这项工作更好"。

例如，准备一场选举活动就可以基于这样一个前提：数据分析是理解和预测选民行动的关键。团队中的每个人都被动员起来收集数据、提高数据质量、开发、测试和改进预测模型，并使用从数据得出的见解来部署竞选工作的重点和战略。没有人质疑分析的价值，大家都假设它会起作用。

集成人工智能

AI并不新鲜，一些先进的公司的确具有AI能力，但这些能力通常是孤立的应用程序，未完全集成在操作、流程或战略决策等工作中，并实现AI自我管理。在集成人工智能这个阶段，AI将接管组织的整个过程，并将自我学习、自我调整、自我纠正和自我优化，无须人工干预。人类可以向AI提供反馈，但不再需要观察和手动干预。最终，人类的反馈也将无关紧要。据悉，目前还没有一家公司达到这个顶峰。一些领先的科技公司正在探索和学习如何实现这一目标。开发先进的预测模型是必要的，但还远远不够。目前，这种模型仍然需要人类专家来检查和改进。

到目前为止，接近图1.10中顶峰的应用案例是可以在没有任何人为干预下，在任何道路上行驶的自动驾驶汽车。这项技术仍在开发中，自动驾驶汽车公司也在互相竞争。目前，人们只取得了有限的成功，例如汽车只能在工业园区等受限制区域行驶，而长途卡车的自动驾驶仍然需要以人为主导。而在一般的道路上，一些试验甚至还出现了致人死亡的案例。

1.6 规划、开发和部署 ADA

实际上，ADA 预测模型投入使用前会经历 3 个不同的阶段：规划、开发和部署。这种概念在学术类的书中很少提及。在规划阶段，主要活动是确定高级管理层所能提供的支持水平，并确定范围和要求。Davenport 等人在 *Competing on Analytics* 中提倡将使用数据分析作为一项战略武器，而导致该战略或项目失败的最重要和一致的因素是高级管理层的支持不足。

在开发阶段，重点转向 ADA 模型开发和测试。这要比 IT 项目或 IT 应用程序的开发和测试抽象得多。不幸的是，有一个非常常用的预测模型的测试手段是错误的，进而导致许多个人和公司宣称 ADA 是无用的，或只是概念炒作。这在实践中非常重要，我将在第 2 章来仔细解释所有从业者都应了解的基本概念、常见的误解、错误理念和需要遵循的优秀原则。

在部署阶段，我们谈论的不是生产环境流程的开发（例如 IT 项目中的开发），而是在业务中实际使用和依赖预测模型。在这个阶段，重点是监视预测模型并检查实际性能与预期性能之间的差距。如果模型始终未达到预期，则需要采取纠正措施——可能是对模型进行重新训练，如更新数据或者根据模型缺陷的严重性将其更改为不同的预测模型。即使是最好的模型最终也需要使用较新的数据重新训练。我们需要关注的只不过是什么时候重新训练，而不是是否需要重新训练。

可以使用跨行业数据挖掘标准流程（Cross Industry Standard Process for Data Mining，CRISP-DM）流程图从高层次阐述数据分析和数据科学从规划到部署的流程，如图1.11所示。

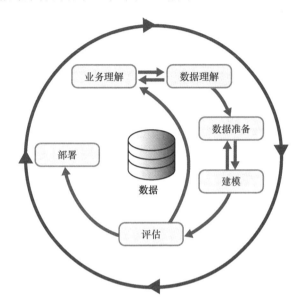

图1.11　CRISP-DM流程图（图源：维基百科）

图1.11中的内圈箭头和外圈箭头强调频繁的循环和反馈，以便为后续修订提供信息（有关这些阶段的更多详细信息请参阅维基百科）。在我的经验中，第一阶段"业务理解"是最重要的阶段，然而不幸的是，这个阶段大家往往做得都不好。大多数分析师和研究人员都过于仓促，导致不能投入精力进行数据分析。

1.7　四大预测模型

在ADA内有许多预测模型。在本书中，我们将只关注以下四大标准预测模型：

- 线性回归；
- 逻辑回归；

- 分类回归树；
- 神经网络。

线性回归和逻辑回归是重要的基本模型，需要所有初学者都充分理解。许多高级模型依赖于线性回归和逻辑回归中建立的概念。此外，它们还可以作为模型基准，用以与较新的模型进行比较。

分类回归树是本卷中最重要的模型，因为它以原生、集成的方式展示了许多基本和高级概念。此外，它也是便于使用、演示和解释的模型。

神经网络是人工智能中机器学习分支的起点。近年来，Google普及了深度学习，并展示了其预测能力。深度学习是一个复杂的神经网络，具有许多隐藏的层和隐藏的结点。它包含了一种能缓解困扰早期神经网络用户的梯度消失问题的方法。我们需要熟悉本书中的神经网络，然后才能讨论深度学习。

学习完本书之后，我们就准备好学习更高级的模型和技术了。

第2章
基本概念和原则

2.1 本章目标

本章会介绍几个重要的基本概念，强调一些常见的误区和误解。为了能在本章结束后充分理解和利用新知识，你可能需要忘记一些在以前的学习中让你印象深刻的认识和概念。

本章是一个基础章节，将为你本书和后续所有基本和高级预测技术的学习奠定基础。

2.2 可视化和模型

可视化很重要。因为：

- 比起数学方程，可视化更能容易地为大脑所理解；
- 可视化降低了沟通和解释的难度，一张图片胜过千言万语；
- 只需最少的培训，就可以很容易地掌握可视化。

因此，出现了一些主要偏重于使用可视化的商业公司。它们认为或希望你认为，只用可视化就能进行所有ADA工作了。如果你也这样想，就把ADA过于简单化了，那么你的学习之旅也就到此为止了。

图像最多可以同时显示3个变量，而比起三维变量，二维变量会更容易理解。当有人声称他可以在图像中显示4个变量时，通常只是将第4个变量取不同值时的另外3个变量排列出来。从本质上讲，这种呈现方式仍然是一个三维而非四维图像，并且也无法显示所有4个变量是如何同时作用、互相影响的。

为什么这一点很重要？为什么它是图像和许多类型的图表的主要限制？

我们考虑一下预测房价的问题。有多少因素可能影响房价？可能有以下因素：

- 所处位置（到市中心的距离）；
- 面积；
- 楼层；
- 房间方向（朝北、朝西等）；
- 步行10分钟范围内的交通；
- 步行10分钟是否可到达基础设施（超市、诊所、公交车站等）；
- 房屋状况（全新、刚刚翻新、需要大规模翻新等）；
- 政府的银行贷款政策；
- 贷款利率；
- 国内生产总值；
- 其他因素，取决于房屋所在的国家或地区和房屋类型（公有或私有、公寓或商品房等）。

我们虽然可以尝试构建图像和图表来研究其中一两个因素对房价的影响，但不可能同时用一般的图像研究所有因素之间的相互影响——需要一个统计模型或预测模型来有效地做到这一点。只有模型才能考虑几十、上百或数千个潜在变量，以确定对预测结果产生重要影响的变量（过滤掉微不足道的变量），甚至量化这些变量的影响。

我们通常需要处理很多变量，这是否意味着可视化在ADA中并不重要？不，这个问题取决于开发ADA的目的及所处的阶段。

图2.1显示了我在不同开发阶段使用的典型方法。

图2.1　可视化和模型的作用

在初始阶段，当我们探索数据以了解特征、典型值、异常值、缺失值和数据质量时，我们使用描述性统计值（即数字摘要或表格）和简单图示（即图形摘要）。为了理解统计信息和图像，请设想使用包含超过10万行和100列的数据集进行此工作。统计摘要和可视化在此阶段非常有用。

然后，我们清洗并准备数据以便使用预测模型进行更高级的分析。一个良好做法是记录和验证数据修改是否正确。同样，可视化和统计有助于比较模型前后的预测结果，以验证过程是否正确执行。

当数据被充分清洗（尽管很少能100%干净）并准备好时，预测建模可以开始了。从技术上讲，与可视化相比，搭建预测模型很有挑战性，也很有价值、令人兴奋。技术挑战在于：你需要理解正在开发的预测模型和训练、测试、验证它的正确过程。

模型经过测试和验证后，是时候交流结果了。在这里，可视化再次起着重要的作用。某些模型具有内置的可视化功能，可用于解释其结果。此外，你还可以利用标准图表、交互式图表或仪表板来显示和解释指定的关键结果。

2.3 监督学习和无监督学习

如图2.2所示，预测模型主要有3种从数据中学习的方式：监督学习（supervised learning）、无监督学习（unsupervised learning）和强化学习（reinforcement learning）。如果模型正在学习预测变量Y，而历史数据中具有实际的Y值可用于辨别模型的预测是正确还是错误，则这种方式就是监督学习。也就是说，变量Y对模型起着监督的作用。

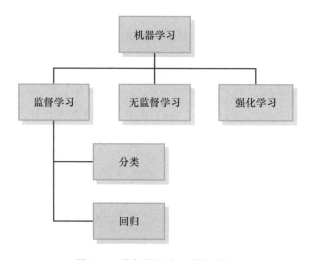

图2.2　监督学习与无监督学习

如果模型只是尝试从数据中学习出数据的一般模式和关联关系，而不是尝试去预测变量，并且无法吸收反馈以改进其输出结果，则这种方式是无监督学习。训练数据中没有Y值可以告诉算法其结果是正确还是错误。此类模型通常用于数据的探索和发现，而不是预测。

如果数据中没有 Y 值，但系统可以生成反馈来奖励或惩罚模型，则可以使用强化学习来提高模型性能。

在监督学习中，传统上，我们可以根据 Y 是分类变量还是连续变量来决定具体使用哪种模型。如果 Y 是分类变量，则使用逻辑回归而不是线性回归；如果 Y 是连续变量，则使用线性回归而不是逻辑回归。

但在更高级的模型中，如神经网络、分类回归树或多变量自适应回归样条线，则无须进行此类细分。这些模型可以同时处理分类型和连续型变量 Y。

本书侧重于监督学习。在后续出版的图书中，我将解释许多推荐系统中常用的无监督学习模型和强化学习模型。

2.4 模型的可解释性

目前人们已经发明了许多模型。图2.3是按照模型的可解释性绘制的简明图谱。

图2.3 可解释性尺度上的模型排序

分类回归树是上述所有模型设计中最简单、最透明的。神经网络和深度学习是最复杂的黑匣子模型。

Google在深度学习背后投入了大量的工程人才和市场营销工作，并在深度学习的预测准确性使用案例方面取得了一些显著成功。然而，根据我的经验，客户一般只需要一个简单而透明的模型，这样他们才可以理解，并向他们的上级或客户解释模型的具体原理，特别是模型的预测结果错误的时候，应该很容易找出原因。

分类回归树是本书中最重要的模型。

图2.3并不是详尽无遗的列表，并且还有许多其他模型未列出，例如支持向量机。

2.5 原则1：正确模型不唯一

大多数学生在开发模型后常常问：我的模型正确吗？我会给他们一个简单的答案："正确，因为它和我的模型运算结果相同"，或者"不正确，因为它和我的模型运算结果不一样"。这就可以满足他们对答案的需求。但这不是正确学习ADA或机器学习的方法。

在预测模型中，并不是只有一个模型是正确的，所以以上的提问从一开始就是错误的。一个正确的提问应该是：我的模型是否足够优秀？这是一个重要的问题，特别是在你或你的组织会根据模型的结果做决定的情况下。让我首先摧毁这个谬论①，因为这是很多学生心中的想法——解决一个具体问题，只有一个正确的模型。

为什么这么多学生和客户这样想？经过反思，我相信这是我们的受教育环境导致的。从前在教室里，你被教授了许多数学公式和方程。它们被认为代表着权威：有一个正确的、用等式形式表示的公式（$A=\pi r^2$）用于计算给定半径的圆的面积。如果用另一个公式，例如$A=0.5\pi r^2$，来求给定半径的圆的面积，练习本或试卷上就会出现大叉号。你作为一个孩子，更喜欢大对号，而不是大叉号。

因此，你长大后可能还认为数学等式意为着只有一个正确答案。许多分析模型可以表示为等式形式（例如线性回归、逻辑回归、神经网络等），因此你可能也认为只有一个正确的"模型"。但是，事实确实如此吗？

这里我举一个非常简单的例子，以从你的脑海驱逐这个错误的

---

① 即基于不健全推理的错误理念。

观点。

我在2014年有了第一个孩子。在最初几个月的体检中，我半开玩笑地看着护士记录我孩子的身高和体重数据。每次，护士都会尽职尽责地在曲线上绘制测量的结果，以比较孩子的生长与预期的正常轨迹之间的差距。

现在，如果我在跟踪孩子成长的表中记录了我自己的数据，它可能如表2.1所示，数据值取决于他在测量期间的配合程度。

表2.1　孩子的成长记录

月龄	体重(Y)	左臂长(X_1)	右臂长(X_2)	左腿长(X_3)	右腿长(X_4)
2	8	20.1	20.22	40.1	39.9
3	10.2	30.1	30.0	52.1	52.2
...	...	...	...	...	...

免责声明：上述数据不是真实数据，只是为了说明问题。

表2.1中，每个记录独属一行，这种数据格式正是预测模型处理数据表的标准格式。每行表示一个实例或一个观察值，而每列表表示实例的一个属性。在上面的表中，每个实例有4个属性（在数据库术语中也叫作字段）：X_1、X_2、X_3、X_4。结果变量（或输出变量）是我们希望预测的目标变量。在此示例中，我们希望使用X_1、X_2、X_3、X_4的信息来预测孩子的体重。因此，Y就是孩子的体重。

有些教材书将X称为"自变量"（independent variable，直译为"独立变量"），将Y称为"因变量"（dependent variable）。我反对这种术语定义，因为"独立"（independent）这个词在统计学中已经是一个术语了，而ADA处理的这些X变量不一定满足统计学的独立性。因此，为了避免混淆，我更喜欢称呼X为输入变量，Y为输出变量或结果变量。这样的名称更合适，并传达了这些变量的真正意图。

现在，如果我使用线性回归，基于手臂和腿的长度来预测我孩子的体重（Y），那么就会几种可能的模型可以预测Y：

- $\hat{Y} = 2 + 0.1X_1 + 0.2X_2$；
- $\hat{Y} = 28 + 2X_1 - 3X_2$；
- $\hat{Y} = -5 + 0.3X_1 + 0.2X_3$；
- $\hat{Y} = 48 + 3X_3 - 4X_4$。

结合上面表格中给定的数据，这四种模型都是"正确"的。可以使用4个模型中的任何一个来估计我的孩子的体重。

因此，你不应该询问模型是否正确，而应该询问这个模型是否足够优秀。因为，即使是同一组固定的数据和问题需要解决，也可以有多个正确的模型。

2.5.1　模型和等式

我们已经使用并将继续使用"模型"这一术语。它是学习和运用ADA的基本要素。人们在研究和设计在改进现有模型或创造新模型方面付出了很多努力。因此，现在让我们更清楚地了解它的含义。

模型是对真实世界的格式化表达，通过模型人类能够理解、解释真实世界，并对真实世界施加某种程度的控制。它通常是对真实世界的简化处理。因此，优秀模型的标准不是没有误差，而是针对设计模型时的预期目的能起到足够的作用。

在建筑设计和建设中使用的由一次性泡沫材料制作的微型建筑就是一个有用的模型，它可以用于显示尚未建成的建筑在建造完成时会是什么样子。你可以在许多房地产开发商的售楼处看到它。

在ADA机器学习中，许多（虽然不是全部）模型都被表示为数学等式及相关的假设条件。数学等式为模型提供了精确、无歧义的描述，而假设提供简化性。

你可以基于你的数据使用等式和假设条件构建出一个模型。幸运的是，模型的构建过程已经被简化了，每个人都可以通过软件来构建这些模型。有些软件是免费的，例如R、Python、Julia，而有些软件需要购买，例如SAS、SPSS。

给定一组数据，你可以使用笔和纸来手动求解方程，也可以使用科学计算器计算，然后构造出最合适的线性回归模型。但是试想一下，如果这组数据是一个有几十万行和许多列的数据集？在这种情况下，计算机软件可以我们输入数据后，在可能不到一秒的时间里就为你输出了模型。因此，你需要学习如何使用软件来将ADA投入使用。

2.5.2　评估预测模型

评估模型是否足够优秀的一个常见标准（虽然并不是唯一的标准）是评估模型的预测准确性。用于确定预测准确性的度量值取决于结果变量Y的数据类型。如果结果变量Y是连续数据（例如：体重、工资、长度等），则通常使用均方根误差（Root Mean Square Error，RMSE）作为其评估指标：

$$RMSE = \sqrt{\frac{\sum_{i=1}^{n}(\widehat{Y_i} - Y_i)^2}{n}}$$

其中：

- $\widehat{Y_i}$表示第i个实例的模型预测值；
- Y_i表示第i个实例的实际值；
- 数据集中共有n个实例。

你不必死记硬背这个公式，只需要明白它名字中每个字的含义就能逐步写出它。

- "误差"：$(\widehat{Y_i} - Y_i)$；
- "方"误差：$(\widehat{Y_i} - Y_i)^2$；

- "均"方误差：$\dfrac{\sum_{i=1}^{n}(\widehat{Y}_i - Y_i)^2}{n}$;

- 均方"根"误差：$\sqrt{\dfrac{\sum_{i=1}^{n}(\widehat{Y}_i - Y_i)^2}{n}}$。

这个度量值的含义与标准差有些相似。因为我们需要一个满足以下要求的指标：

- 能够覆盖到所有的数据点（所以汇总所有点并计算平均值）；
- 能计算出预测值与真实Y值的距离，不需要区分正负（所以从实际数据值Y_i中减去模型预测的$\widehat{Y}_i$，并求平方）；
- 结果应与原始数据值保持同一个单位（所以求平方根）。

但是，如果变量Y是分类数据，例如，有3个可能的分类值A、B、C，那么流行的度量指标是混淆矩阵。图2.4是一个简单的示例。

	真实值		
	A	B	C
A	10	3	4
B	2	20	40
C	6	1	35

预测
模型结果

图2.4　具有三种可能分类结果的混淆矩阵

落在对角线单元格的10、20、35（用绿色表示）是模型预测结果正确的预测次数，落在其他所有单元格中是预测错误的次数。这里，最容易出现的预测错误是将实际值C预测为B（共有40次这样的预测错误）。

通过累加所有预测正确的次数再除以总预测次数，我们可以得到模型的整体准确率。同样，我们可以用1减去模型的总体准确率来获得模型的整体错误率。虽然只报告整体情况更简单一些，但我的建议是至少检查一次混淆矩阵，以找出某个特定预测中是否有重大错误。

混淆矩阵将告诉你模型存在的弱点是什么，而此类信息往往是整体准确率、整体错误率不会体现的。

因此，如果模型预测的准确度高于指定的目标，则其预测精度就足够好。目标取决于应用程序和所处行业，可以通过以下方法进行设置：

- 比较公司的历史预测绩效；
- 找出最近研究论文中实现的最佳基准（例如，95% 曾是数字化扫描乳腺癌诊断的基准，经过研究，现在达到了98%）；
- 找出业务影响的期望值，并逆向设计所需的目标（例如，Netflix 为 10% 的提升目标提供了 100 万美元的奖金）；
- 与标准模型（线性回归或逻辑回归）性能进行比较。

最后，如果模型在数据集中显示出了零预测误差，那么模型就是完美的，对吗？

大错特错！

这是"完美模型谬误"，是一个严重的错误认识。如果你使用这样的"零预测误差模型"来治疗病人或经营你的业务，你很快就会杀死你的病人或破产！

2.6 原则 2：训练数据和测试数据分离

零预测误差有什么错？让我打个比方。几周后，你将参加数据分析考试。然而今天，有人给你看了考试题目。

于是，你提前做了一些工作，四处寻找答案。这样会取得好成绩吗？很有可能。你甚至可能得到一个完美的分数，也就是零误差。但是，这是否意味着你已经拥有了优秀的能力，并将在未来的数据分析项目中表现良好？不一定。

零预测误差模型也面临同样的问题：模型之前已经看到了你提

供的历史数据，并针对这些数据进行了优化。例如：在线性回归中，模型的参数通过最小化数据误差的平方和来进行组合，而模型已经看过数据。因此，如果依据同一组数据评估模型的预测准确性，则答案将过于乐观而不切实际：你究竟是打算预测历史数据还是预测未来数据呢？

然而，我们现在开发的模型是一个基于历史数据的模型，而且，我们需要现在就知道是否可以使用这个模型。也就是说，需要及时地评估出模型的预测准确性是否足够优秀到可以马上使用的程度。我们不能等到未来再决定，必须马上决定。如果它不够好，那么我们可以尝试改进它或尝试其他模型。

让我们回到前面的数据分析考试场景。其他人如何能通过考试知道你在数据分析方面是否足够好？答案是：用你之前从未见过的问题来测试，看你的表现如何。

这是评估预测模型中的一个关键概念。它能确定当前模型是否足够好，并用于决策。我们需要使用模型从未见过的数据来测试，以便公平的评估其预测性能。图2.5是执行此类过程步骤的简单说明。

我们将原始完整数据集随机拆分为两部分。对于拆分的具体比例分配，业界目前还没有达成共识：有些研究人员使用70:30，有些使用60:40，有些使用50:50等。你应该了解所涉及项目的目的及其侧重点。训练集用于训练模型，以便它能够根据变量X的信息来预测Y。测试集独立于预测模型，并且对预测模型不可见，用于测试模型的预测性能。

如果我们将训练集的实际Y值与模型预测的Y值进行比较，则得到训练集误差；如果将测试集的实际Y值与模型预测的Y值进行比较，则得到测试集误差。测试集误差比训练集误差更公正、真实。

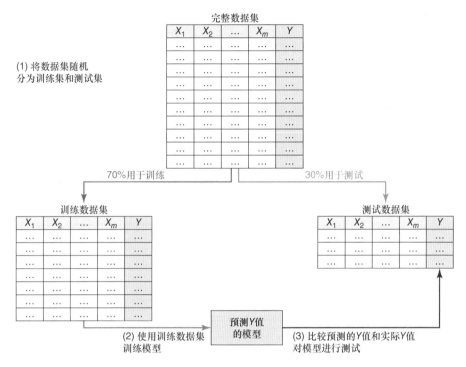

图2.5　训练-测试分离（基本方式）

在执行训练数据和测试数据分离的过程中，重要的是随机选择案例到训练集与测试集，尽量做到不偏不倚。

但即使这样，你也应该知道两个限制。第一个是流程性的，很容易解决；第二个则是结构性的，只有创造性地思考整个训练测试过程，才能解决。

2.6.1　在训练 - 测试拆分前进行分层

当你在工作中运用训练-测试分离原则足够长的时间后，或观察图2.5足够长的时间后，第一个限制应该就变得很明显了。

例如Y是一个分类变量，并且存在极端情况，例如癌症发展成了晚期、遭遇诈骗、中了彩票、在考试中不及格等。这种极端情况在数据库中应该相当罕见。此时，如果盲目地遵循图2.5中的过程，则大多数（或全部）极端情况都将出现在70%的训练集中，而30%测试集中则很少（或没有）。你将无法测试模型在极端情况下的预测表现。要防止这种情况，一个简单的解决方案是修改数据拆分过程，如果Y是一个分类变量，则在具体拆分前，先对Y分层。也就是说，在Y的每个分类值内完成训练集和测试集的随机拆分，如图2.6所示。

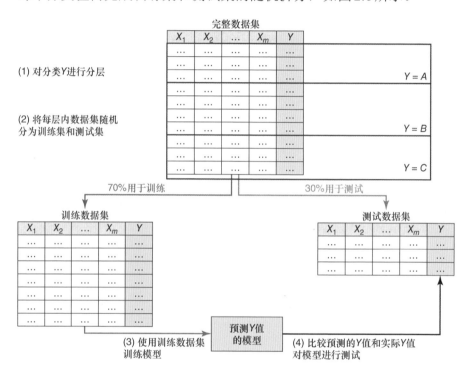

图2.6　分类变量Y的训练-测试拆分（增强）

 ## 2.6.2　有效地执行分层和训练-测试拆分

我们如何在实践中执行Y分层和训练-测试拆分？这可以在Excel中完成，但我不建议这样做。如果你仍想要在不使用编程、脚本或宏的情况下，使用Excel电子表格中完成此操作，那么操作可以总结为如下步骤：

1. 确定结果变量 Y 的数据类型是连续的还是分类的。

2. 如果 Y 是分类的，则按 Y 对数据集进行排序。否则，只需根据基本训练测试拆分图中显示的过程拆分数据集。

3. 在 Y 的每个取值内，使用 Excel 中的 rand() 函数，根据所需比例（例如 70:30）随机拆分出训练集与测试集。如果 rand() 是介于 0 和 0.7 之间的值，则它属于训练集。否则，它属于测试集。

4. 将每个层的所有训练集片段合并到整体训练集中。

5. 将每个层的所有测试集片段合并到整体测试集中。

这需要你拖动单元格和复制随机数，效率不高，并且容易出错，尤其是当你拥有相对较大的数据集时。

有许多更快、更安全的执行此类过程的方法。在我看来，其中一个简单的方法是用 R 中的 caTools 包来实现。

你第一步要做的是免费下载并安装 R，然后安装 RStudio 软件。请参阅附录以了解如何下载和安装它们。

接下来，启动 RStudio 并在 RStudio → Packages → Install 菜单中安装 caTools 包，或更简单地，直接抄写代码 install.packages("caTools") 并在 R 控制台中运行。请注意字母 T 是大写。

你只需要安装一次。将来，只需运行代码 library(caTools) 即可在 R 中加载和激活已安装的包。默认情况下，除了基础的 R 包外，所有由用户贡献的包，在使用前都需要通过 library() 函数显式地激活。这样做的理由相当明智：在 R 中，有很多用户贡献的包。而 R 又是一个免费的开源软件，任何人都可以通过编写 R 包并放在互联网上供任何人使用来为 R 的开发做出贡献。每个 R 包都有至少一个特定用途，你并不需要在特定分析中用到所有的包。R 无法猜测你需要哪些包进行特定分析，因此，你需要显式地告诉 R 你要使用基础包以外的哪些其他包，然后由 R 将这些包（也仅仅是这些包）加载到计算机内存中并激活供你使用。

我们将通过一个可公开使用的德国银行信贷数据集的例子，使用caTools包进行高效的训练测试数据集分离。我们将在后几章开发特定的预测模型时，重新讨论这里的数据集和问题。现在的重点是学习如何有效地进行训练-测试拆分。

德国银行信贷贷款数据集

这里使用的数据集和数据文档都可以从UCI Machine Learning Repository库[①]下载，或者更方便地，查看本书的配套资源。

german_credit.csv是一个公开可用的数据集，用于记录信贷申请人的信息和风险部门的批准（被视为良好风险）或拒绝（被视为不良风险）的贷款申请决定。

数据拆分的第一步是将工作目录设置为数据集的路径，然后将数据集导入R：

```
setdwd('<PATH>')
data1 <- read.csv("german_credit.csv")
```

如果你想在笔记本电脑上尝试运行这个代码，可以RStudio中选择File→New File→R Script，输入上述代码，并根据实际存放数据集的路径适当修改它们的路径[②]，然后在Code中选择运行代码的选项来运行代码。在编写R代码时，我更喜欢通过快捷键一次运行一行代码，这允许我检查单行代码是否正确运行并解决错误——如果运行出错，我知道问题一定出在当前行。

german_credit.csv是一个逗号分隔值（Comma-Seperated Value，CSV）文件，保存在setwd()函数指定的位置。你需要将这个值修改为你保存数据集的位置。请注意这个函数使用正斜杠（/）而不是

---

① 可搜索关键词"UCI Machine Learning Repository statlog german credit data"了解更多。
② 即根据实际情况将代码中的<PATH>替换为工作路径，例如将setwd('<PATH>')替换为setwd('D:/Datasets/ADA1/2_Fundamentals')。——编者注

反斜杠（\）来表示子文件夹。

CSV是流行的在不同的系统和软件之间共享数据文件的标准格式。你可以使用微软的Excel轻松的创建CSV文件。在Excel中输入数据后，点击File→Save As，然后选择另存为"CSV（逗号分隔）"文件类型而不是默认的Excel工作簿。不要选择Excel中给出的其他CSV格式。这个文件格式的含义将在你使用记事本打开任意的CSV文件时变得明显起来——在记事本中，数据的值都被逗号分隔开了。

保存到R内存中的R对象名为data1。等式右边的`read.csv()`函数意味着data1只是CSV文件作为R对象保存到R中的数据集。你可以给它命名为任何你想要的名称，但在全文中需要保持名称一致，并在后续代码中使用相同的名称。

<-是赋值运算符，它表示现在将等式右侧的数据保存为左侧你命名的R对象中。这允许你在后续R代码中引用你自己命名的R对象。

在此数据集中，共有1000行、21列。

第一栏由银行贷款部门定义：Creditability 取1表示良性风险；Creditability 取0表示不良风险。

```
data1$Creditability <- factor(data1$Creditability) # 将信用值
转换为分类变量
summary(data1$Creditability) # 显示指定变量的数值分布情况
##    0    1
##  300  700
prop.table(table(data1$Creditability)) # 显示指定变量的数值的比率
##
##    0    1
##  0.3  0.7
```

在R中，#是注释符，你可以使用#向其他人解释一行或一块R代码[1]。R将不会执行任何#之后的内容。注释只对人类阅读有意义，

----

① 本书中##开头的代码表示程序返回的内容。——编者注

不是让计算机去处理的。

根据运行结果，数据集中的良性风险和不良风险的所占比例分别是0.3和0.7。

现在我们准备好对 Y（也就是信誉值）进行训练-测试拆分了：

```
# 加载caTools包
library(caTools)
# 给随机拆分设置一个随机数字串。为了确保将来可重现，这里其数字应与你选择的相同
set.seed(2014)
# 对Y进行分层，并根据拆分比，拆分为训练集和测试集
train <- sample.split(Y = data1$Creditability, SplitRatio = 0.7)
# 获取训练数据和测试数据
trainset <- subset(data1, train == T)
testset <- subset(data1, train == F)
# 验证训练集和测试集中的Y的比率都是相同的
prop.table(table(trainset$Creditability))
##
##    0    1
## 0.3  0.7
prop.table(table(testset$Creditability))
##
##    0    1
## 0.3  0.7
```

caTools包中的sample.split()函数是高效执行训练测试拆分的关键。训练集包含700个实例，而测试集包含300个实例。如果需要另一个拆分比而不是70：30，请修改SplitRatio参数。

这正是使用caTools包的主要原因——使用其中的sample.split()函数。它在变量Y的每个类别中自动分层，并将观测值随机分配到训练集和测试集中。

R包是一种允许创建者将创建的函数、实例数据、显示函数如何对数据集进行操作的示例R脚本、解释具体细节和预期输出的文档进行打包处理的手段。

2.6.3 训练集与测试集之间的权衡

通过修改过程以在随机拆分之前对分类数据进行分层，我们克服了第一个限制。如果 Y 是连续数据，就无须分层。

第二个限制是结构性的，更难解决——训练集与测试集之间的折中权衡。

回顾图2.5或图2.6中的设计，这种权衡应该已经变得显而易见了。通常，我们如果在训练集中分配了更多的数据，就可以开发更好的预测模型，但这意味着测试集数据更少，测试集误差信息将变得不可靠。如果希望测试集误差信息更可靠，可以增加分配给测试集的数据，但这意味着训练集减少。

为了克服这个限制，有一个优雅的、具有创造性的方法，具体内容将在第8章中解释。这是一个高级过程，在业内仍然鲜为人知。许多ADA专家和公司仍在使用原始的图2.5或图2.6所示的过程进行数据拆分，自20世纪80年代以来，更先进的现代程序为人们所了解，克服了第二个限制。

在第8章中，我们将了解到这个作为分类回归树模型一部分的高级过程如何以原生、自然、自动的方式实现。它比上面使用caTools包的代码简单得多，但你需要学习更多的概念才能理解并使用这个方法。

2.7 原则 3：风险校正模型

不久前，许多专业人士曾将整个数据集输入到预测模型中，并尝试了各种减少预测误差的方法和方式。神经网络在这方面的"名声"不太好，因为与其他模型相比，它相对更容易造成零预测误差。

但是，我们现在了解到，在预测模型的性能中重要的是测试集误差，而不是训练集误差。我们从错误中吸取教训——我们起初是如何（在测试集上）达到零预测误差的呢？

原来，存在一个简单的策略可以在训练集上实现零预测误差：只需要给模型加载越来越多的变量，最终其（在训练集上的）预测误差将为零或非常接近零。

2.7.1 多项式插值定理的影响

这个策略可以追踪到古老的200年前Waring（1779）[①]的想法——多项式插值定理。这个定理推断和证明：如果一个多项式"足够复杂"，例如$f(x) = 2x^{198} + 3.5x^{197} + \cdots$，那么它就可以将指定的所有数据点在坐标空间中连接起来；也就是说，在所有数据点和多项式之间将会出现零误差。如果这类$f(x)$还未达到零误差，那么就说明这个多项式还"不够复杂"，或许可以用$g(x) = 3.4x^{20876} - 0.07x^{20875} + \cdots$这类更加复杂的多项式来实现。

这个定理甚至提供了一个公式来推导所需的复杂多项式，只要输入变量X数量足够大，就能保证代表多项式的曲线通过所有给定的数据点。这里，我们没有必要猜测和尝试。图2.7将阐明其影响。

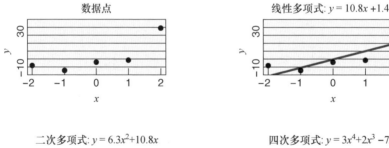

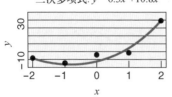

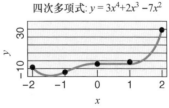

图2.7　一个足够复杂的多项式可以完美地穿过所有数据点

---

①　Waring. Problems concerning interpolations. Philosophical Transactions of the Royal Society. 1779, 69: 59–67

原始数据点可以由不同的多项式"模型"进行拟合。线性和二次多项式不能完全适合数据。但是，我们如果使用四次多项式（图2.7中橙色曲线部分）来提升模型的复杂度，就可以达到零预测误差：四次多项式连起了 5 个数据点。

2.7.2 模型复杂度

在预测建模中，我们并不限制到底应该使用哪个多项式，但想法是相同的。生成一个"足够复杂的模型"，使得预测误差（在训练集上）为零。模型复杂度的定义将取决于模型的结构，如表2.2所示。

表2.2 不同模型的复杂度衡量标准

模型类型	复杂度衡量标准
线性回归	X的数量
逻辑回归	X的数量
分类回归树	终端结点或树的拆分数量
神经网络	隐藏层和隐藏结点的数量
MARS	X的数量

对于同一模型类型，可以有多个衡量模型复杂度的标准。

因此，对于线性回归模型，获取低预测误差或零预测误差（在训练集上）的一般策略是包含众多的输入变量X。

请注意，我强调了限制条件——仅限于在训练集上，这样你就不会被误导。极低或零训练集误差的模型很可能会在测试集上产生高误差。图2.8是解释这一概念的图解。

如果预测模型过于简单，变量太少，则无法获取足够的信息来预测目标变量（例如在预测房价时，只评估房间面积的大小而忽略其他信息）。如图2.8所示，这些模型位于浅绿色虚线（欠拟合）的左侧。

如果预测模型过于复杂，变量太多，则它使用的信息太多，甚至有些是多余的或对预测Y无意义的，而对这类多余的噪声信息的考虑会占用我们对正确信号信息的处理。在图2.8中，这些模型位于深绿色虚线（过拟合）的右侧。

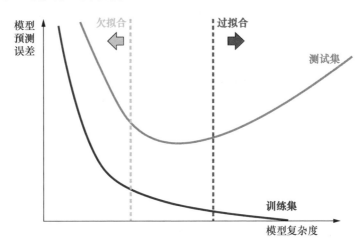

图2.8　训练集与测试集误差与模型复杂度的关系

两条线之间的模型就是我们需要的。它们既不过于简单又不过于复杂。

现在，你可能会问：我们如何为所选模型类型构造此类误差曲线，以便检查其是欠拟合还是过拟合？

如果你使用分类回归树，那么这类曲线会自动计算，以帮助你找到最佳的分类回归树模型。你不需要额外执行其他工作，因为它是分类回归树开发期间自动化过程的一部分。

但是，如果你使用其他模型，例如线性回归、逻辑回归甚至神经网络，则模型不会提供给你这类曲线。你需要执行额外工作才能看到它。我们将在第8章中详细介绍这一点。

现在是将本节中所学内容正式转化为风险校正模型概念的时间了。举个例子：有3个投资经理，分别叫M1、M2和M3，他们在管理你的钱。你在新的一年开始时给了他们每人的同等数额的钱来投资。年底，M1的投资回报率为3%，M2的投资回报率为10%，M3的回报率为30%。你会断定M3的表现优于M1和M2，并认为应该把更多的钱与投资给M3吗？

这是投资行业每年必须考虑的一个重要问题：是奖励还是惩罚、是提拔还是解雇他们的投资经理。他们管理的资金包括退休基金、税务机关收取的收入、养老基金、保险政策奖金支出、投资基金、信托基金等。

投资界的回答是，我们需要考虑投资经理为产生投资回报而承担的风险，即风险校正后的回报。

如果M3的30%投资回报是通过石油期货、垃圾债券等高风险投资获得的，而另一位投资类似风险产品的经理M7却获得了70%的投资回报，那么M3的业绩实际上可能低于平均水平。

相比之下，如果M2的10%回报是通过平均投资风险获得的，如蓝筹股公司和B级公司债券，而在类似风险组合中获得最高投资回报的人——经理M8的回报率为10.1%，类似风险组合的平均回报率仅为4%，那么M2的表现实际上非常出色。

换句话说，为了判断投资经理的表现情况，必须将投资风险与投资回报一起考虑。

在预测模型中，给我们的"回报"是模型的预测准确度，而达到该模型准确度所冒的"风险"通常由模型复杂度来表示。概括来说就是：

模型总成本＝模型预测误差＋模型复杂度成本

请注意，这个表达式只表达了一个思想：预测模型的"成本"是由两部分组成的。在实际应用前，需要先对式中的各项进行定义，并制定单位比例。分类回归树模型已预先定义模型复杂度成本概念，并提供了一个内置的标准公式。我们将在第8章中看到此公式。

如果预测模型与数据欠拟合，那么当我们通过添加更多输入变量来增加模型复杂度时，模型复杂度成本将上升，但模型预测误差将急剧下降。整体来看模型总成本可能是降低的。

如果我们继续添加更多输入变量，效益就会开始递减。模型预测误差可能仍然下降，但可能仅略有下降，整体来看，总成本可能不变或略有增加。

当增加的输入变量超过某一点时，继续添加额外的输入变量将导致测试集上的模型预测误差增加（尽管训练集误差可能会继续下降），模型预测误差和模型复杂度成本这两项会朝着同一方向显著增加模型总成本。

关于模型预测误差的部分是非常简单的：如果变量 Y 是连续数据，可以使用RMSE；如果变量 Y 是分类数据，可以使用加权整体误差来解释假阳性与假阴性之间的不同成本。

模型复杂度成本则更加抽象。我们知道，具有10个输入变量的线性回归模型比具有4个输入变量的线性回归模型更为复杂。但到底复杂多少呢？模型输入变量数的上升会增加多少复杂度成本？

对于线性回归问题，在20世纪60年代就已经有一个答案，虽然这个答案并不很令人满意。调整 R 方（adjusted R-squared）试图通过向附加的输入变量收取恒定成本来缓解过拟合问题，这样虽能缓解成本增加的问题，但无法使问题得到根本性的解决。我们将在第6章中再次讨论这一点。

在分类回归树中，我们有一个很好的答案。人们无须为单位复杂度设置成本。提供的数据已经可以告诉我们为触发一次对模型结构更改的单位成本是多少、对模型的确切更改是什么（例如删除 X_1 或 X_2、同时删除 X_1 和 X_2 等）。人类不需要考虑、设置单位复杂度成本，或基于不同的复杂度成本调整模型。所有必需的信息都已包含在数据中。这涉及对模型复杂度的更深入了解。分类回归树中已经内置并可以自动地实现这种功能，而大多数其他模型都缺乏这种能力。

现在，我们可以看出为什么分类回归树在序言和简介中被描述为本书中最重要的"巅峰"模型了。分类回归树自动化并集成了分析学、数据科学、机器学习中的许多高级概念。

我们仅处于开始阶段，所以需要学习更多的东西，才能真正理解分类回归树并借助其力量解决问题。在第3章中，我们将更进一步，了解数据探索和摘要。

概念练习

1. 说明可视化、数据分析、数据科学中模型的价值和局限性。

2. 监督学习、无监督学习和强化学习之间有什么区别？举例说明。

3. 解释针对连续型和分类型结果变量的评估模型性能预测标准方法。是否还有其他选择？

4. 在某些模型中，参数优化可以选择通过最小化以下参数的方式来进行：

   - 误差的平方和；
   - 误差平方的平均数。

   使用以上参数是否与使用RMSE相同？请给出解释。

5. 使用整体错误率作为预测模型分类性能的衡量标准的优缺点是什么？

6. 解释为什么在ADA中存在多个正确的模型。

7. 说明设置训练集和测试集的必要性和目的。什么时候不需要设置训练集和测试集？

8. 在训练-测试标准流程中有哪些需要折中的考量？提出一种规避折中的方法。

9. 说明在什么情况下需要在训练-测试拆分前进行数据分层。

10. "最佳模型位于训练集误差与模型复杂度曲线的最低点"这种说法是否正确？请给出解释。

11. "最佳模型位于测试集误差与模型复杂度曲线的最低点"这种说法是否正确？请给出解释。

12. 假如Netflix的100万美元悬赏活动选择使用RMSE作为模型性能评估标准，即使其中的变量Y是分类数据，那么这种选择是否正确？请给出解释。

第3章
数据探索和摘要

3.1 本章目标

在任何数据分析中，探索数据并快速生成数字和图形形式的摘要都是一个常见过程。

许多书中的数据集通常非常小且整洁，只有几行和几列，没有错误，没有缺失值。但在现实世界中，等待你处理的数据集可能要比你之前遇到的数据集大得多，并且包含错误数据或缺失值。本章中，我们会学习简单而有效的方法以探索更大、更真实的数据集，并生成合适的摘要，帮助我们形成对需要处理的数据集的初始印象和理解。

通常，有两种方法可以汇总数据：数字摘要和图形摘要。数字摘要是统计信息的列表或汇总表，而图形摘要是一个图。

数据清洗的相关内容位于第5章。你阅读到那里时应该已经有效掌握了一些探索和汇总大数据集所需的必要基本技能。

3.2 数据初探和 R 语言的 data.table

我们需要发展的重要技能是高效探索大型数据集的能力。对于超过100万行且具有众多列的大量数据，标准的data.frame数据结构内存效率低下。读取、写入和处理数据需要很长时间。最近的 R 包 data.table 是 data.frame 的现代化替代版本。

即使是使用少量的数据，使用 data.table 也更好，因为它的语法比 data.frame 更简单、更简洁、更一致。事实上，data.table 包创建者不仅承诺能达到更快的计算时间，而且通过它语法的优势还可以加快程序开发时间。在下面的示例中，我们将标准的 `data.frame(df)` 与 `data.table(dt)` 的工作机制进行比较。

为方便起见，在配套资源中也提供了本节所需的数据集，其文件名为 flight14.csv。

 ## 3.2.1　data.table 的语法

调用 data.table 的基本语法是：

```
DT[i, j, by]
```

其中：

- `DT` 表示数据表的名称；
- `i` 表示筛选行的筛选值（即筛选器）；
- `j` 表示基于列变量的报告（即报表）；
- `by` 表示分组变量（即组）；

没有必要全部使用所有 3 个参数 `i`、`j`、`by`。这取决于你希望如何截断、分块或上报数据。

data.table 还支持更高级的语法，如 key、keyby、.SD、.SDcols 等。有关示例和说明，请参阅 R 官方网站中 data.table 的介绍。在本节，我们将只关注基本语法。

 ## 3.2.2　示例：2014 年的纽约航班

flight14.csv 数据集包含了 2014 年 1 月至 10 月所有从纽约起飞的

航班。

至少有两种方法可以将数据集导入R。第一种方法是标准的传统方法，也就是通过R基础包中的read.csv()函数来实现。由于该函数属于基础包，因此可以立即使用，因为默认情况下R会自动加载基础包。

对于规模非常小的数据集和简单的数据探索和分析工作，我不介意使用上面的传统方式。但对于大型数据集，如下文将要提到的PUMS或需要进行更深入的数据探索和分析的数据集，我更喜欢另一种方式：通过R的data.table包导入数据。

第二种方法更现代化一些，使用了data.table包的fread()函数（fread为fast read的缩写，意为快速读取）。这已成为我的首选方式，但这种方法需要你提前安装一个免费的R包：data.table。如果这是你第一次听说这个R包，那么它可能尚未安装在你的R中。一个快速确认的方法是点击RStudio界面中的Package标签（如图3.1所示），然后搜索data.table。

图3.1 检查R包data.table在本机安装情况

因为我已经安装过了data.table，所以它会出现在已安装的包列表中。如果你尚未安装data.table，那么你的列表应是空白的。

有两种方法可以安装R包。第一种方法是点击绘图面板上Package界面的Install按钮，输入你需要的R包名称，最后点击Install，如图3.2所示.

另一种方法就是在控制台中执行R代码install.packages ("data.table")。

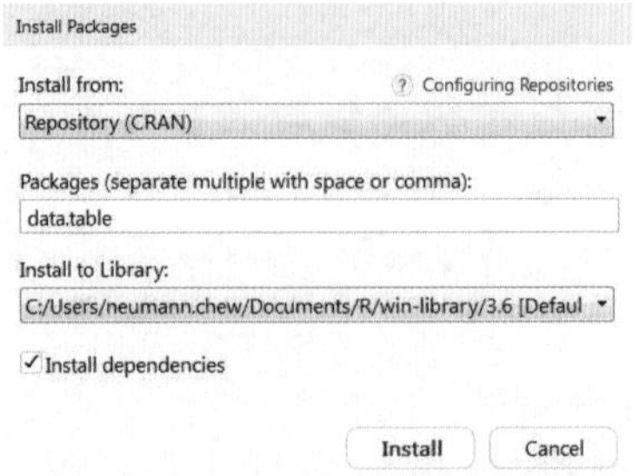

图3.2 从Package菜单安装R包

此后每次要使用data.table包中的`fread()`函数，都要先加载库，例如：

```
library(data.table)
#设置工作目录以存储所有相关的数据集和文件
setwd("<PATH>/3 Data Exploration")
#使用data.frame的read.csv()函数导入，并记录导入所需的时间
system.time(flights.df <- read.csv("flights14.csv"))
## user system elapsed
## 1.00   0.05    1.05
# 使用data.table的fread()函数导入，并记录导入所需的时间
system.time(flights.dt <- fread("flights14.csv"))
## user system elapsed
## 0.11   0.01    0.07
dim(flights.dt)
## [1] 253316 17
```

之所以要重复导入两次相同数据，是为了让你了解使用data.frame（下称df方法）和使用data.table（下称dt方法）导入数据效率的区别。在未来的工作中，你只需要选择其中一个方法，而不必两个都用。

我笔记本电脑上的`system.time()`函数显示，与data.table相比，data.frame导入包含253316行、17列的数据所需要的时间要长得多。

接下来我们比较一下`flight.df`与`flight.dt`的数据属性：

```
class(flights.df)
## [1] "data.frame"
class(flights.dt)
## [1] "data.table" "data.frame"
```

程序运行结果显示，flights.df是一个数据帧（data frame），而flights.dt具有双重性质：data.table和data.frame

这是一个好消息，因为它表示data.table对象还可以在其他包中被当作data.frame对象进行处理，那些包要求或者默认输入数据的属性是data.frame。data.frame是基础R中的对象，这意味着所有R包都可以使用data.frame属性的数据。

 ### 3.2.3 行筛选

例3.1：查找6月以代号为 **JFK** 的机场为始发机场的所有航班。

有两种名为df的方法可以做到这一点：subset()函数和[]运算符。

```
#df方法:
jfk.jun.df <- subset(flights.df, origin == "JFK" & month == 6)
```

```
#另一种df方法（[]内需要使用"数据集名$列名"的格式并添加逗号）:
jfk.jun.df2 <- flights.df[flights.df$origin == "JFK" & flights.
df$month == 6,]

identical(jfk.jun.df, jfk.jun.df2)

## [1] TRUE
## True
```

请注意，如果使用标准的[]方式，则需要使用"数据集名$列名"的格式，即使是在[]括号中。在行末的右括号之前，还需要使用逗号。

两种df方法产生了相同的结果，但就我个人而言，我更喜欢使用subset()函数。

也可以使用dt方法的DT[i，j，by]语法完成：

```
# dt方法:
jfk.jun.dt <- flights.dt[origin == "JFK" & month == 6]
```

请注意，只需要i来选择符合条件的行。我们不需要j或by，也不需要使用"数据集名$列名"的格式，因为变量名很明显必须是flights.dt中的列。在行末也不需要使用逗号。因此，这个方法比使用df方法的[]方式更简单明了一些。

同样，如果要获取数据集中的前3行，则执行如下代码：

```
# df方法（记住中间需要使用冒号隔开）：
flights.df[1:3,]
##   year month day dep_time dep_delay arr_time arr_delay cancelled carrier
## 1 2014     1   1      914        14     1238        13         0      AA
## 2 2014     1   1     1157        -3     1523        13         0      AA
## 3 2014     1   1     1902         2     2224         9         0      AA
##   tailnum flight origin dest air_time distance hour min
## 1  N338AA      1    JFK  LAX      359     2475    9  14
## 2  N335AA      3    JFK  LAX      363     2475   11  57
## 3  N327AA     21    JFK  LAX      351     2475   19   2
#dt方法：
flights.dt[1:3]
##    year month day dep_time dep_delay arr_time arr_delay cancelled carrier
## 1: 2014     1   1      914        14     1238        13         0      AA
## 2: 2014     1   1     1157        -3     1523        13         0      AA
## 3: 2014     1   1     1902         2     2224         9         0      AA
##    tailnum flight origin dest air_time distance hour min
## 1:  N338AA      1    JFK  LAX      359     2475    9  14
## 2:  N335AA      3    JFK  LAX      363     2475   11  57
## 3:  N327AA     21    JFK  LAX      351     2475   19   2
```

3.2.4 列排序

例3.2：对航班按照始发地进行升序排序，然后再按目的地进行降序排序。

df方法如下：

```
# df方法（记住"数据集名$列名"的格式和逗号）：
#来自Quick-R教程
ans.df <- flights.df[order(flights.df$origin,
                           -flights.df$dest),]
##  Warning message: In Ops.factor(flights.df$dest) :  '-' not
meaningful for factors ans.
df <- flights.df[order(flights.df$origin,
                       -rank(flights.df$dest)),]
```

在df中，我们可以使用"-"指定进行降序排序，但这仅对整数变量或数值变量有效。请记住，因为dest是分类数据，所以我们需要使用rank()函数。

dt方法如下：

```
# dt方法:
ans.dt <- flights.dt[order(origin, -dest)]
```

 ## 3.2.5 筛选几列并进行重命名

例3.3：仅选择并保留**arr_delay**和**dep_delay**列，并分别将其重命名为**delay_arr**和**delay_dep**。

df方法如下：

```
# df方法（记得使用引号）:
ans.df <- flights.df[, c("arr_delay", "dep_delay")]
names(ans.df) <- c("delay_arr", "delay_dep")
```

请记住在选择df中列时要使用引号。

dt方法如下：

```
# dt方法:
ans.dt <- flights.dt[, .(delay_arr = arr_delay,
                         delay_dep = dep_delay)]
```

使用".()"运算符可以同时选择多个列，并对其进行重命名。由于你希望保留所有行而仅包含两列，因此，请将i留空，并设置一个逗号来表示项j，表示要对所有行执行的操作——我们只需要两列并重命名它们。

 ## 3.2.6 进一步的数据探索和问题

例3.4：有多少总延迟小于0的航班？

df方法需要使用两个不同的函数来回答这个问题，而dt方法只需要相同的data.table语法：i、j和by，其中j可以替换为可计算的表达式。具体代码如下：

```
# df方法（使用函数 nrow()和subset()）：
nrow(subset(flights.df, (arr_delay + dep_delay) < 0))
## [1] 141814

# dt方法（j可以使用表达式）
flights.dt[, sum((arr_delay + dep_delay) < 0)]
## [1] 141814
```

例3.5：6月以代号为**JFK**的机场为始发机场的所有航班的平均起港和离港延误时间是多少？

df方法需要用到两个函数，而dt方法只需要相同的基本data.table语法：用i选择所需的行，用j表示从所选行需要哪些信息。具体代码如下：

```
# df方法（使用subset()和sapply()）：
jfk.jun.delay.df <- subset(flights.df,
                           origin == "JFK" & month == 6,
                           select = c((arr_delay, dep_delay))))
sapply((jfk.jun.delay.df, mean))
## arr_delay dep_delay
## 5.839349   9.807884
# dt方法：
flights.dt[origin == "JFK" & month == 6,
           .((avg_arr_delay = mean((arr_delay)),
           avg_dep_delay = mean(dep_delay))]
##   avg_arr_delay avg_dep_delay
## 1:   5.839349        9.807884
```

例3.6：2014年6月从代号为**JFK**的机场出发了多少次航班？

df方法需要两个函数，而dt方法可以使用特殊变量.N在data.table语法中代替j。具体代码如下：

```
# df方法：
nrow(subset(flights.df, origin == "JFK" & month == 6))
## [1] 8422
# dt方法（.N是一个特殊的内置变量，保存组中的案例数）：
flights.dt[origin == "JFK" & month == 6, .N]
## [1] 8422
```

例3.7：每个始发机场对应的往返次数是多少？

答案是使用如下代码：

```
# df方法:
summary(flights.df$origin)
##    EWR    JFK    LGA
## 87400 81483 84433
# dt方法:
flights.dt[, .N, by = origin]
##    origin     N
## 1:    JFK 81483
## 2:    LGA 84433
## 3:    EWR 87400
```

你是否还记得可以在数据集中的特定列上使用df方法的summary()函数？

在dt中，这里只显示了分组变量origin的汇总报告。因此，我们可以在同一数据表中设置相应的by参数来获取其他分组变量的报告。

例3.8：代号为**AA**的航空公司从每个起点到每个目的地的行程总数是多少？

这里，我还没有一个好的df方法来解决这个问题。应该有一个基础R代码可以更好地解决这个问题。但我不希望花时间去研究或思考df方法，因为已经有一个明显且简单的dt方法来解决它。

顺便说一下，还有其他的R包可以用，比如dply，但我更喜欢dt方法，因为它的语法简单且一致（因此可以节省你的时间）。df和dt方法的代码如下：

```
#df方法:
ans.df <- subset(flights.df, carrier == "AA",
                 select = c(origin,dest))
table(ans.df$origin, ans.df$dest)
##
##     ABQ ACK AGS ALB ANC ATL AUS AVL AVP BDL BGR BHM BNA
## EWR   0   0   0   0   0   0   0   0   0   0   0   0   0
## JFK   0   0   0   0   0   0 297   0   0   0   0   0   0
## LGA   0   0   0   0   0   0   0   0   0   0   0   0   0
##
```

```
##        BOS BQN BTV  BUF BUR BWI   BZN CAE CAK  CHO CHS CLE CLT
## EWR      0   0   0    0   0   0     0   0   0    0   0   0   0
## JFK   1173   0   0    0   0   0     0   0   0    0   0   0   0
## LGA      0   0   0    0   0   0     0   0   0    0   0   0   0
##
##        CMH CVG DAL  DAY DCA DEN   DFW DSM DTW  EGE EYW FLL GRR
## EWR      0   0   0    0   0   0  1618   0   0    0   0   0   0
## JFK      0   0   0    0 172   0   474   0   0   85   0   0   0
## LGA      0   0   0    0   0   0  3785   0   0    0   0   0   0
##
##        GSO GSP HDN  HNL HOU HYA   IAD IAH ILM  IND JAC JAX LAS
## EWR      0   0   0    0   0   0     0   0   0    0   0   0   0
## JFK      0   0   0    0   0   0     0   7   0    0   0   0 595
## LGA      0   0   0    0   0   0     0   0   0    0   0   0   0
##
##        LAX LGB LIT  MCI MCO MDT   MDW MEM MHT  MIA MKE MSN MSP
## EWR     62   0   0    0   0   0     0   0   0  848   0   0   0
## JFK   3387   0   0    0 597   0     0   0   0 1876   0   0   0
## LGA      0   0   0    0   0   0     0   0   0 3334   0   0   0
##
##        MSY MTJ MVY  MYR OAK OKC   OMA ORD ORF  PBI PDX PHL PHX
## EWR      0   0   0    0   0   0     0   0   0    0   0   0 121
## JFK      0   0   0    0   0   0     0 432   0    0   0   0   0
## LGA      0   0   0    0   0   0     0 4366  0  245   0   0   0
##
##        PIT PSE PSP  PVD PWM RDU   RIC ROA ROC  RSW SAN SAT SAV
## EWR      0   0   0    0   0   0     0   0   0    0   0   0   0
## JFK      0   0   0    0   0   0     0   0   0    0 299   0   0
## LGA      0   0   0    0   0   0     0   0   0    0   0   0   0
##
##        SBN SDF SEA  SFO SJC SJU   SLC SMF SNA  SRQ STL STT SYR
## EWR      0   0   0    0   0   0     0   0   0    0   0   0   0
## JFK      0   0 298 1312   0 690     0   0   0    0   0 229   0
## LGA      0   0   0    0   0   0     0   0   0    0   0   0   0
##
##        TPA TUL TVC  TYS XNA
## EWR      0   0   0    0   0
## JFK      0   0   0    0   0
## LGA      0   0   0    0   0
#表中有很多冗余的0，因此这不是一个好的解决方法

#dt方法
flights.dt[carrier == "AA", .N, by = .(origin, dest)]
##      origin dest    N
## 1:      JFK  LAX 3387
## 2:      LGA  PBI  245
## 3:      EWR  LAX   62
## 4:      JFK  MIA 1876
## 5:      JFK  SEA  298
```

```
##  6:       EWR   MIA   848
##  7:       JFK   SFO  1312
##  8:       JFK   BOS  1173
##  9:       JFK   ORD   432
## 10:       JFK   IAH     7
## 11:       JFK   AUS   297
## 12:       EWR   DFW  1618
## 13:       LGA   ORD  4366
## 14:       JFK   STT   229
## 15:       JFK   SJU   690
## 16:       LGA   MIA  3334
## 17:       LGA   DFW  3785
## 18:       JFK   LAS   595
## 19:       JFK   MCO   597
## 20:       JFK   EGE    85
## 21:       JFK   DFW   474
## 22:       JFK   SAN   299
## 23:       JFK   DCA   172
## 24:       EWR   PHX   121
##      origin dest     N
```

在这一点上，我开始同意data.table包创建者的说法了——dt方法节省了程序员很多的时间。与df方法相比，用dt方法来解答这个问题很简单，解答方式也很显而易见。

接下来的商业问题会变得更复杂，我仅会使用dt方法而不再浪费时间去寻找df的方法。

例3.9：对于代号为**AA**的航空公司，每对出发地-目的地的平均到达延误、平均出发延误和航班数是多少？

只需将3个需要汇报的数字放在j中，并按(origin, dest, month)分组：

```
ans.dt<-flights.dt[carrier == "AA",
                   .(avg.arr.delay = mean(arr_delay),
                   avg.dep.delay = mean(dep_delay), .N),
                   by = .(origin, dest, month)]
```

例3.10：将上一问题的结果按3个分组变量进行排序。

用keyby代替by，其他一切都保持不变，将根据所声明的键值自动排序：

```
ans.dt<-flights.dt[carrier=="AA",
                   .(avg.arr.delay=mean(arr_delay),
                   avg.dep.delay=mean(dep_delay), .N),
                   keyby = .(origin, dest, month)]
```

例3.11：对于代号为**AA**的航空公司，每对出发地-目的地的总行程数是多少？其中，出发地按升序排序，目的地按降序排序。

运用多重 [] 以使用数据表链，避免创建中间数据结构来保存临时结果。如果你的数据集很大，这样做可以节省大量内存和处理时间。代码如下：

```
flights.dt[carrier == "AA", .N, by = .(origin, dest)][order(origin, -dest)]
##      origin dest    N
## 1:      EWR  PHX  121
## 2:      EWR  MIA  848
## 3:      EWR  LAX   62
## 4:      EWR  DFW 1618
## 5:      JFK  STT  229
## 6:      JFK  SJU  690
## 7:      JFK  SFO 1312
## 8:      JFK  SEA  298
## 9:      JFK  SAN  299
## 10:     JFK  ORD  432
## 11:     JFK  MIA 1876
## 12:     JFK  MCO  597
## 13:     JFK  LAX 3387
## 14:     JFK  LAS  595
## 15:     JFK  IAH    7
## 16:     JFK  EGE   85
## 17:     JFK  DFW  474
## 18:     JFK  DCA  172
## 19:     JFK  BOS 1173
## 20:     JFK  AUS  297
## 21:     LGA  PBI  245
## 22:     LGA  ORD 4366
## 23:     LGA  MIA 3334
## 24:     LGA  DFW 3785
##      origin dest    N
```

例3.12：分别有多少航班出发延误并且到达延误、准时出发却到达延误、准时出发并且准时（或提前）到达、出发延误却准时（或提前）到达？

为解决这个问题，需要明白，by字段中的变量分组也可以是表达式，而不仅仅是列变量：

```
flights.dt[, .N, .(dep_delay>0, arr_delay>0)]
##    dep_delay arr_delay      N
## 1:      TRUE      TRUE  72836
## 2:     FALSE      TRUE  34583
## 3:     FALSE     FALSE 119304
## 4:      TRUE     FALSE  26593
```

有趣的是，有26593个航班出发延误，但仍能准时或提前到达。找出这些飞行员并将他们与那些到达延误的飞行员作比较将是一件有趣的事情。不迟到的飞行员应该得到一些奖金，或者至少得到对他们在逆境中努力的认可。

上面的例子涉及关于航空公司出发和到达的非常具体的数据集，以显示如何探索数据和如何生成数字摘要。R的data.table包是一个优秀的、用以生成此类数字摘要的包。

下面的例子是来自美国政府调查的更通用的数据集。我们将展示如何使用表格和图表来探索和解释数据。

3.3 公共用途微观样本数据

美国人口普查局每年会轮流对350多万户家庭进行分层并随机抽样，以参加年度美国社区调查。选中的家庭在法律上有义务准确回答调查问题，以便美国联邦机构可以使用这些数据制定更好的政策。该调查提供了丰富的家庭层面及个人层面的人口统计（匿名）资料。

这些统计数据构成了公共用途微观样本数据（Public Use Microdata Sample，PUMS）。不同州、不同日期的统计数据可以从美国人口普查网站的 PUMS Data 页面下载，而数据文档和数据字典可以从 PUMS Documentation 页面下载。

本章中，我们将研究几个选定州区的 PUMS2017 数据。你可以从 PUMS 网站下载所选州区的数据，或者更方便地，下载本书的配套资源，找到其中的数据集和文档。由这 3 个州的 PUMS2017 数据划分出的一个子集构成了本节使用的 states_ins_sub_dt.csv 数据集。

为了便于解释和阅读，我的 CSV 数据集中某些变量（即列）的名称被重命名为更直观的名称，如表 3.1 所示。然而，这也意味着你将需要知道原始的 PUMS 变量名称，以便查阅数据和相关文档。

表3.1 变量的重命名

CSV中的列名	PUMS的原始名称
STATE	ST
AGE	AGEP
EDU	SCHL
EMPLOYMENT	COW
DISABILITY	DIS
EARNINGS	PERNP
INCOME	PINCP

3.3.1 探索 PUMS 中的健康保险覆盖面数据

我们拥有的数据越多，专注于数据探索就越重要。你正在寻找什么数据？目的越清晰，数据探索工作就越明确，在生成无用的或不相关的数据摘要和图表时浪费的时间和精力就更少。

医疗费用上涨是一个关键问题，因此，医疗保险的重要性也愈加凸显。一个解决方案是调整医疗保险，通常通过发布新政策和市场激励措施来实现。因此，我们将把数据探索的重点放在医疗保险的覆盖范围上。需要从 PUMS 数据中回答的一些相关问题可能是：

- 没有任何健康保险的人口比例是多少？各州大致相同吗？
- 在拥有健康保险的人中，公共医疗保险与私人健康保险之间的分界点是多少？各州大致相同吗？
- 教育水平和医疗保险覆盖之间是否有任何关联？
- 有多少老年人没有医疗保险？各州的比例大致相同吗？
- 有多少儿童没有医疗保险？各州的比例大致相同吗？
- 有多少残疾人没有医疗保险？各州的比例大致相同吗？

接下来我们开始使用RStudio来探索states_ins_sub_dt.csv。

3.3.2　在R中导入数据和摘要概述

与之前一样，我们首先需要将工作目录设置为包含数据的文件夹，然后将CSV数据集导入R：

```
# 设置一个工作目录以便存放相关数据集和文件
setwd("<PATH>/3_Data Exploration")
# 在正式使用前，装载已经安装的R包
library(data.table)
# 将CSV数据集以数据表格式导入到R中
ins.dt <- fread('states_ins_sub_dt.csv')
```

数据集被导入为数据表。表中的每行表示一个抽样个体，而每列表示个体的单个属性（或变量）。在RStudio的环境面板中点击ins.dt，将数据帧作为RStudio中单独的"工作表"中的一个表来查看。

可以在数据表对象上使用summary()函数来快速浏览数据集中的各个列：

```
summary(ins.dt)
##      RT                ID               STATE              AGE
## Length:675393     Length:675393     Length:675393     Min.   : 0.00
## Class :character  Class :character  Class :character  1st Qu.:21.00
## Mode  :character  Mode  :character  Mode  :character  Median :41.00
##                                                       Mean   :40.71
##                                                       3rd Qu.:59.00
##                                                       Max.   :95.00
```

```
##
##       SEX              EDU            EMPLOYMENT
## Length:675393      Length:675393      Length:675393
## Class :character   Class :character   Class :character
## Mode  :character   Mode  :character   Mode  :character
##
##
##
##
##    DISABILITY         EARNINGS           INCOME         PRIVCOV
## Length:675393      Min.   : -5900    Min.   : -7300   Length:675393
## Class :character   1st Qu.:     0    1st Qu.:  7000   Class :character
## Mode  :character   Median :  12000   Median :  24000  Mode  :character
##                    Mean   :  34828   Mean   :  43963
##                    3rd Qu.:  47000   3rd Qu.:  55000
##                    Max.   :1049000   Max.   :1563000
##                    NA's   :120673    NA's   : 112327
##     PUBCOV            HICOV            AGE.GRP
## Length:675393      Length:675393      Length:675393
## Class :character   Class :character   Class :character
## Mode  :character   Mode  :character   Mode  :character
##
```

summary()函数的输出取决于列变量的数据类型。对于整数和小数类型的数据（如收入、年龄等），R将输出由6个数字组成的摘要；对于分类数据（例如性别、婚姻状况等），R将逐一统计各分类值数量。

但是，如果分类数据被记录为数字，则R无法知道它们实际是分类数据，因此会"智能"地猜测它们是整数或类似的数字。如果分类数据在CSV文件中被录为字母，则默认情况下，fread()函数将假定这些是文本数据。我们对CSV中的14个变量进行检查。正常情况下，应该只有ID列为文本列。其他"文本"列应理解为分类数据，例如性别要么是男性要么是女性，应该理解为一个分类数据，而不是文本。文本数据意味着不限定数据的类别，分类数据则被限定在类别中。

一个更正fread()中变量数据类型的有效方法是在CSV文件中再次读取数据集，但这次要重写默认值，然后只更正一列（即ID列）。

如何知道要更改哪些默认参数、要将它们更改成什么？这需要阅读fread()的帮助文件。你可以在帮助菜单里面打开fread()函数的文档如图3.3所示，并向下滚动，即可在stringsAsFactors中看到如图3.4所示的内容。

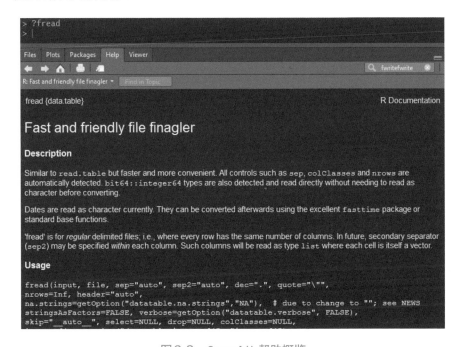

图3.3 fread()帮助概览

| stringsAsFactors | Convert all character columns to factors? |

图3.4 fread()的stringAsFactors帮助文档

在R语言中，string表示文本，而factor（意为"因子"）表示分类数据。有了这个认知后，可以重写fread()函数中的默认值，并且只需对ID文本列执行一次更正：

```
setwd("<PATH>/3_Data Exploration")
ins.dt <- fread('states_ins_sub_dt.csv', stringsAsFactors=T)
ins.dt$ID <- as.character(ins.dt$ID)
```

当然，如果你喜欢敲击键盘，可以选择在不重写的情况下使用fread()中的默认值，然后通过factor()函数对10个分类变量进行10次更正。最终采用哪种方式由你决定。

显示数据集中每个变量数据类型的快捷方法是单击环境面板中数据表旁边的蓝色按钮，如图3.5所示。

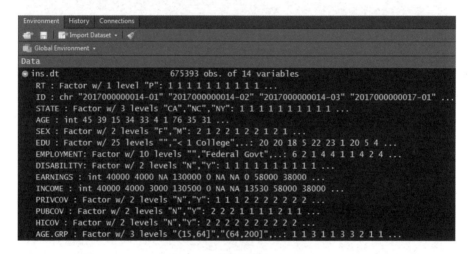

图3.5　变量的数据类型

输出显示ID列是文本数据（chr），AGE、EARNINGS、INCOME等列是整型数据（int），而其他10个变量是表示分类数据的因子，显示为Factor类型。

现在，再次在数据集上运行summary()函数，就应该会看到工作成果了：

```
summary(ins.dt)
## RT              ID              STATE        AGE             SEX
## P:675393   Length:675393    CA:377575   Min.   : 0.00   F:345132
##            Class :character  NC:101233   1st Qu.:21.00   M:330261
##            Mode  :character  NY:196585   Median :41.00
##                                          Mean   :40.71
##                                          3rd Qu.:59.00
##                                          Max.   :95.00
##
```

```
##            EDU                       EMPLOYMENT      DISABILITY
## High Sch Dip:109028                     :278914   N:585656
## Bach Deg    :107655  Pte For-Profit     :251652   Y: 89737
## >= 1 College: 82631  Local Govt         : 32825
## Mas Deg     : 48409  Pte Not-For-Profit : 32341
## Assoc Deg   : 44246  Self Not-Inc       : 29890
## < 1 College : 35423  State Govt         : 19390
## (Other)     :248001  (Other)            : 30381
##    EARNINGS           INCOME      PRIVCOV    PUBCOV     HICOV
## Min.   : -5900  Min.    : -7300  N:223168 N:410136 N: 43168
## 1st Qu.: 0 1st  Qu.     : 7000   Y:452225 Y:265257 Y:632225
## Median : 12000  Median : 24000
## Mean   : 34828  Mean    : 43963
## 3rd Qu.: 47000  3rd Qu.: 55000
## Max.   :1049000 Max.    :1563000
## NA's   :120673  NA's    :112327
##    AGE.GRP
## (15,64]:433340
## (64,95]:121380
## [0,15] :120673
##
##
##
##
```

RStudio 将适当地自动汇总分类变量与整数或数值变量。如果变量中有 5 个以上的分类，则默认按频率计数只显示前 5 个类别，并将所有其他类别分组到一个名为 (other) 的"特殊类别"组中。

RT 列只有一个分类值 P，因为所有记录都是个人级（person-level）的记录。PUMS 网站同时包含个人级和家庭级的记录，但我们只使用一个小样本，其中的记录全部都是个人级的。

本次的探索的目标变量为 HICOV，表达为 Y 或 N 以表示该个人是否拥有健康保险。

要查看具有多个分类数据（例如 EMPLOYMENT）的分类变量的所有分类值，请使用 levels() 函数：

```
levels(ins.dt$EMPLOYMENT)
## [1] ""                 "Federal Govt"      "Local Govt"
## [4] "Pte For-Profit" "Pte Not-For-Profit" "Self Inc"
```

```
## [7] "Self Not-Inc"   "State Govt"        "Unemp"
## [10]"Work No Pay"
```

这里，EMPLOYMENT列共有10种分类值，第一个值为空。

 ### 3.3.3 缺失值概述

R还在摘要输出中报告了NA的数量。不同的软件使用不同的符号来表示缺失值（例如在SAS软件中用圆点表示缺失值）。NA是R用于表示缺失值的特殊代码，这将允许R对已识别的缺失值执行特殊的处理。我们将在有关数据清洗的第5章中更详细地讨论这个问题。在数据清洗中需要考虑许多事项。

在整体数据的摘要输出中，EARNING列共计有120673个NA值，在INCOME列共有112327列NA值。

但是，在原始的PUMS数据集中，事情并不那么简单。未填写的空白值不一定是缺失值。它可以表示某个编码值。例如，在PUMS中查阅COW，则空白值表示一个特殊的类别，即"小于16岁，或最后工作日期在5年前，或从未工作过的不在劳动力市场（Not In Labor Force，NILF）人员"。

在EMPLOYMENT列，可以通过组合运行sum()函数和要检查的条件，以显示空白单元格的数量。

```
sum(ins.dt$EMPLOYMENT=="")
## [1] 278914
```

$符号用来区分数据集和列名。这是有道理的，因为可能有相同列名称的不同数据集。通过$运算符，可以确保检查结果是明确无误的。

再来查看3.3.2小节中输出的摘要中的AGE.GRP项，发现只有120673人不到16岁。我们能否确定其余的数据是"最后工作日期在5年前，或从未工作过的NILF人员"？还是说，这些数据真的只是缺失？数据集中没有提供能回答这个问题的NILF人员相关信息。

对于教育水平，根据 PUMS 文档，NA 表示"不到 3 岁的人员"：

```
sum(ins.dt$EDU=="")
## [1] 19768
```

再来检查年龄小于 3 岁的人员数量：

```
sum(ins.dt$AGE<3)
## [1] 19768
```

两个结果完全匹配！因此我们确信 EDU 列中的空白值表示因年龄而"不适用"的值，而不表示缺失。缺失值是有问题的，因为缺失意味着这个值存在，但未知且未被记录。而在 EDU 列的这种情况下，我们能明确区分问题所在。

现在，你应该认识到在浏览任何数据时说明文档的重要性。如果没有它们，我们就只能假定空白单元格表示的是缺失值，但实际上并不是。那么，我们怎么能百分之百地保证教育情况这列空白值（也就是年龄小于 3 岁）的 19768 个人和年龄列中年龄小于 3 岁的 19768 个人是同一批人呢？一个在 R 中快速验证的方法是使用 identical() 函数来测试两个向量是否相同：

```
# 比较EDU==""筛选出来的ID和AGE<3筛选出来的ID是否相同
identical(ins.dt[ins.dt$EDU=="", ID], ins.dt[ins.dt$AGE<3, ID])
## [1] TRUE
```

上述代码根据相应的条件提取两个 ID 列并比较它们。这将验证两个子组的人员的是相同的。

除了数字摘要之外，我们还可以获取数据的图形摘要。

3.3.4 绘制单一连续变量的图形摘要——概率密度

在研究单个的连续变量（例如身高、体重、工资）时，一个流行的图表是通过 density() 函数绘制变量的概率密度曲线（如图 3.6 所示）。绘制代码如下[1]：

---

[1] 代码中的 main 参数会导致绘制结果中包含英文图题。本书将图题统一翻译为中文展示，不再重复展示英文图题。——编者注

```
plot(density(ins.dt$AGE), xlab="Age",
     main = "Figure 3.6: Distribution of Age")
```

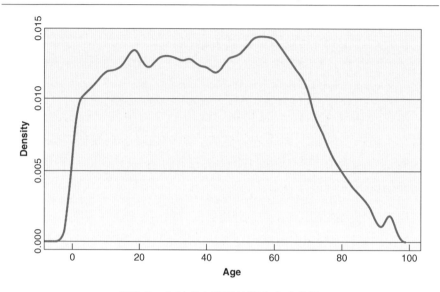

图3.6　年龄分布情况的概率密度曲线

默认情况下，密度曲线是收敛的，曲线下的总面积为1。这意味着曲线下任何区间的面积都表示一个比例，可以解释为观测变量值在该区间内的概率。

从图3.6中的图示输出中，我们可以看到，大多数样本年龄在20岁～ 60岁之间，在数据样本中最常见的年龄在60岁左右，而且样本中也有很多老年人（年龄为65岁或以上）

图3.6在表示年龄的极端值时可能会失真，可以在通过年龄变量上专门运行一次summary()函数验证这个结论：

```
summary(ins.dt$AGE)
## Min.    1st Qu.  Median   Mean   3rd Qu.   Max.
## 0.00     21.00    41.00   40.71    59.00   95.00
```

通过数字摘要，我们验证了PUMS数据样本中的最低年龄为0岁，最大年龄为95岁。41岁将数据样本分成两半，平均值（40.71）

和中位数（41.00）之间的接近程度表明PUMS样本中的年龄分布相当对称。

作为密度曲线图的替代方法，我们还可以使用直方图（如图3.7所示）。但要获得漂亮的直方图，还需要做更多的工作。我们需要选择良好的信息存储桶来存储案例，并在存储桶的端点做出解释：

```
# 直方图要求按间隔分组
# 区间受到break参数的控制（默认为左开右闭）
hist(ins.dt$AGE, breaks = seq(0, 100, by=10), xlab="Age",
    main = "Figure 3.7: Distribution of Age", col ="light blue")
```

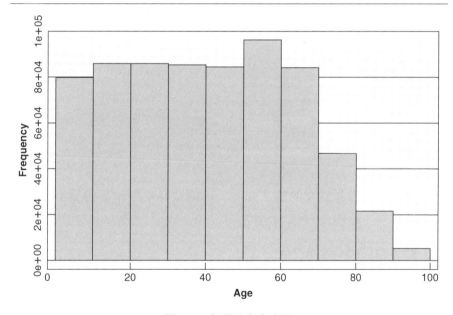

图3.7 年龄分布直方图

图3.7中，形如"8e+04"的数字使用了科学计数法、例如8e+04表示将8.0的小数点向右移动4个位，最终代表80000。如果是8e-04，则表示将小数点移至8.0的左侧。

我们还可以绘制INCOME（即收入）的概率密度图，如图3.8所示。

使用 na.rm=T 选项在绘制图表之前剔除数据集中的NA样本数据：

```
plot(density(ins.dt$INCOME, na.rm = T), xlab="Income(US$)",
    main = "Figure (3.8: Distribution of Income")
```

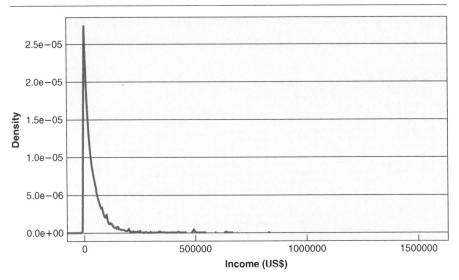

图3.8　收入分布

我们也可以覆盖R的默认选项，以抑制科学表示法的显示，而显示实际数字（如图3.9所示）：

```
# 从绘图和输出中删除科学符号
# scipen表示对科学表示法进行"处罚(penalty)"
getOption("scipen") # 默认值为0
## [1] 0
options(scipen=100) #使用更高的惩罚值
plot(density(ins.dt$INCOME, na.rm = T), xlab="Income (US$)",
    main ="Figure 3.9: Distribution of Income")
```

图3.9中的收入密度曲线呈现右偏态分布，显示了大多数人的共同收入水平。右侧的长尾表示相对罕见的、非常高的收入水平。

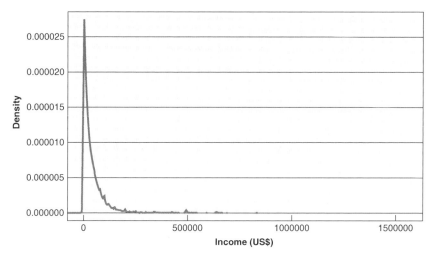

图3.9　收入分布（抑制科学表示法）

3.3.5　绘制单一分类变量的图形摘要——条形图

我们可以轻松地为分类变量创建条形图，如图3.10所示，比如依据州区进行划分：

```
barplot(table(ins.dt$STATE),
        main="Figure 3.10: Distribution of State of Residence",
        xlab="State", col = c("lavender", "tan", "pink"),
        cex.main = 1, cex.lab = 0.8, cex.axis = 0.8)
```

对于具有多个值的分类变量，我们可以使用水平条形图，如图3.11所示。但是，我们需要测试和调整绘图设置，以生成信息丰富的图例：

```
par(las=2) #使标签文本垂直于轴。默认值为0(并行)
# 增加y轴边距。默认值为c(bottom, left, top, right) =c(5,4,4,2)+0.1
par(mar=c(5,8,4,2))
# cex.names来修改字体大小，以便标签可以适合图表。
barplot(table(ins.dt$EMPLOYMENT), horiz = T, cex.names=0.7,
        main="Figure 3.11: Distribution of Employment Types",
        cex.main = 0.9, cex.lab = 0.8, cex.axis = 0.8)
# 将绘图边距重置为原始设置
par(las=0)
par(mar= c(5,4,4,2)+0.1)
```

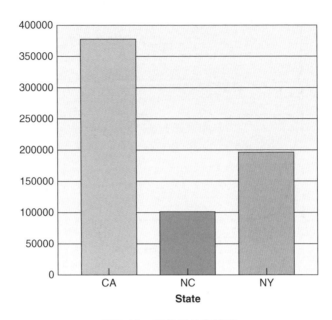

图3.10　居住州分布情况

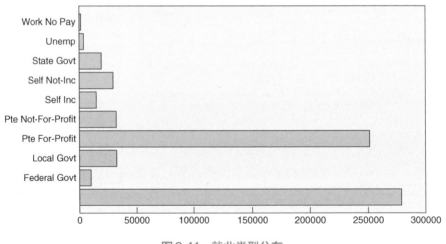

图3.11　就业类型分布

上图中，最大的组是空白组，也就是PUMS文档中定义的"小于16岁，或最后工作日期在5年前，或从未工作过的NILF人员"，其次是从事私人营利性公司或业务。

3.3.6　绘制分类变量 X 和连续变量 Y 的图形摘要——箱线图

箱线图是统计学家喜欢的图表，因为它强调了数据的可变性。正是可变性让数据有趣且有用。如果所有数据值都相同，那将很无聊。

我们可以绘制一个连续变量（例如表示收入的 INCOME 列）的箱线图（如图 3.12 所示）：

```
boxplot(ins.dt$INCOME, main = "Figure 3.12: Income")
```

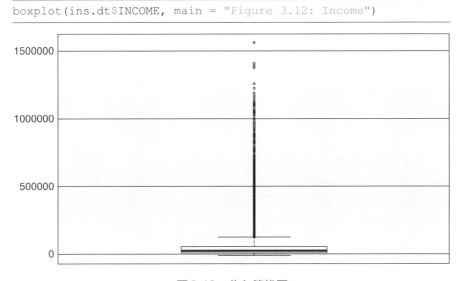

图 3.12　收入箱线图

图 3.12 是一个包含以下 5 个数值摘要的统计信息和异常值（如果有的话）的箱线图：

- 最小值，此图没有低值异常点，所以下缘线即最小值；
- 下四分位数，位于框的下沿；
- 中位数；
- 上四分位数，位于框的上沿；
- 最大值，位于最高异常点。

为获取准确的数据，请使用summary()函数：

```
summary(ins.dt$INCOME)
##   Min. 1st Qu. Median  Mean 3rd Qu.    Max.     NA's
## -7300    7000  24000 43963   55000 1563000 112327
```

当我们在箱线图中将INCOME与另一个分类变量（例如EMPLOYMENT）进行比较时，箱线图的信息就变得很清晰了（如图3.13所示）。

实现代码如下：

```
par(las = 1) #设置所有坐标轴标签水平
par(mar=c(5,8,4,2)) # 增加y轴边距以容纳标签
# 以Y = INCOME, X = EMPLOYMENT状况绘制箱线图
boxplot(ins.dt$INCOME ~ ins.dt$EMPLOYMENT,
        main = "Figure 3.13: Income Distribution across Employment Type",
        xlab = "Income (US$)", horizontal=T, cex.main = 0.9,
        cex.lab = 1, cex.axis = 0.8)
# 将绘图边距重置为原始设置
par(las=0)
par(mar= c(5,4,4,2)+0.1)
```

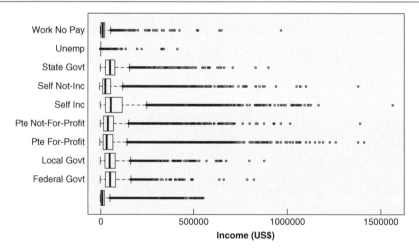

图3.13　就业类型收入分布

图3.13中的箱线图比较了不同就业类型的收入。注册公司或企业的自营职业者收入变化区间最大，最高收入者属于这一类。有趣的是，那些对就业类型为空白回答的人也有收入，有些人的收入超过

50万美元。

箱线图擅长通过仅显示5个数字摘要和异常值来显示可变性。如果需要查看各个样本的个例，则必须在图表中表示每个案例。这就是散点图的用武之地了。

3.3.7 绘制连续变量 *X* 和连续变量 *Y* 的图形摘要——散点图

散点图通常用于显示连续变量（例如收入）如何随着另一个连续变量（例如年龄）的变化而变化。让我们来研究一下收入变化最大和收入最高的群体中的案例。运行如下代码，可得到如图3.14所示的结果：

```
#自营企业（Employment = "Self Inc"）人群教育和收入的散点图
#先对就业情况进行筛选，然后选择两列
subset1 <- ins.dt[EMPLOYMENT == 'Self Inc', .(AGE, INCOME)]
plot(x = subset1$AGE, y = subset1$INCOME, xlab="AGE",
     ylab = "Income (US$)",
     main ="Figure 3.14: Within Self-Employed Incorporated")
```

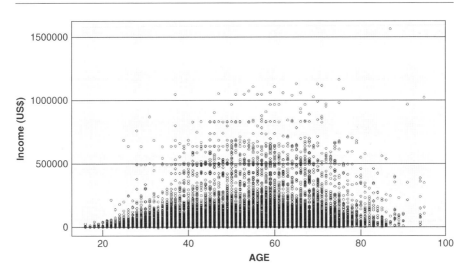

图3.14 自营企业内部情况

大多数人的收入不到25万美元，收入最高者接近90岁。此示例显示了散点图的强项和弱项：散点图可以为你提供一些关于数据的直观感受，但无法显示精确的数字。

3.3.8　绘制连续变量 X 和分类变量 X 的图形摘要——抖动散点图

我们在PUMS2017数据中的主要关注点是健康保险覆盖范围（health insurance coverage，即HICOV列）。将HICOV设置为变量Y。不同年龄段的健康保险覆盖范围（是一个连续变量）是多少？

可视化的一个方法是绘制箱线图（如图3.15所示）：

```
# Y = Age, X = HICOV绘制箱线图
boxplot(ins.dt$AGE ~ ins.dt$HICOV,
        main = "Figure 3.15: Age across Insurance Coverage Status",
        xlab = "Health Insurance Coverage", ylab = "Age")
```

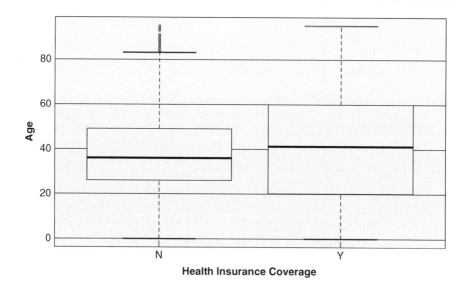

图3.15　跨保险状态的年龄

图3.15中的箱线图比较了健康保险状态变量（为分类变量）和年龄变量（为连续变量）。无保险组内年龄的差异程度低于有保险组。但这样的框图并不能回答这样的问题：是否有更多的老人有医疗保险？

直观地回答这个问题的一个方法就是使用具有抖动的散点图。为了弄明白抖动的意义，让我们首先绘制没有抖动的标准散点图（如图3.16所示）：

```
# 跨年龄健康保险覆盖范围的散点图[无抖动]。
plot(x = ins.dt$AGE, y = ins.dt$HICOV, xlab="Age",
    ylab = "Health Insurance Coverage",
    main = "Figure 3.16: Insurance Coverage across Age
    (without jitter)")
```

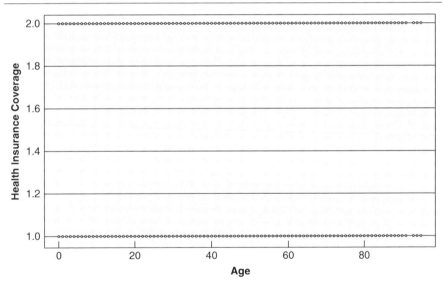

图3.16 跨年龄保险（无抖动）

这样的图不是很有用。它表明，在任何年龄，都同时存在保险的人和没有保险的人。

Y轴只代表了一个二进制指标：是，或者否，这让我们很难辨别这些点代表着少数人还是多数人，因为会有许多叠加的数据点：

所有具有相同年龄的情况都被标记在了相同的位置。克服这种情况的一个技术是使用抖动，即向某个轴添加随机噪声，以使得主要情况变得清晰。缺点是这样会使该轴上显示的值变为近似值，而不再是实际值。

接下来，让我们添加抖动来识别多数群体与少数群体（如图3.17所示）：

```
# 使用抖动添加随机噪声到Y轴，以模拟大多数情况
# 要求Y是连续变量而非分类变量
plot(x = ins.dt$AGE, y = jitter(as.numeric(ins.dt$HICOV)),
    xlab="Age", ylab = "Health Insurance Coverage",
    main = "Figure 3.17: Insurance Coverage across Age (with jittered Y)")
```

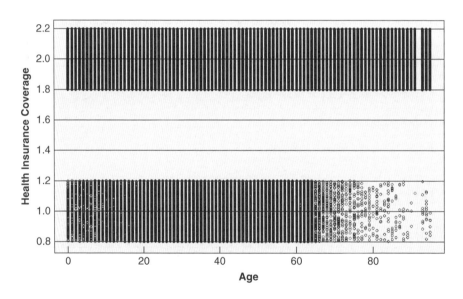

图3.17　跨年龄的保险范围（在Y轴抖动）

在老年人（年龄为65岁以上）中，有健康保险的人远远多于没有医疗保险的人。在年轻人中，图表的数据点太多，我们无法区分多数和少数的情况。请注意，抖动扭曲了Y轴的含义。变量Y本应只有

两个值（有保险或无保险）。

实际上，我们可以使用data.table做得更精确一些。

```
ins.dt[, .(Without_Insurance = sum(HICOV=="N"),
    With_Insurance = sum(HICOV=="Y")),by = AGE.GRP]
##    AGE.GRP Without_Insurance With_Insurance
## 1: (15,64]             38769         394571
## 2:  [0,15]              3481         117192
## 3: (64,95]               918         120462
```

在3个州的PUMS2017数据中，拥有保险的老年人（120462人）比没有保险（918人）的人多。

3.4 结论

在学习本章并练习了2个大型的数据示例后，你应该就具备了高效探索数据的技能。

本章展示了一些在数据探索中常用的图。还有很多其他图没有讨论：热力图、等高线图、响应面、旭日图等。它们也可用R实现。

就我个人而言，在数据探索过程中，我倾向于使用数字摘要和表格，而不是图，因为使用它们检查结果要比使用图快得多（检查结果后就可以"扔掉"它们了），尤其是使用R的data.table包时。图适合显示大体数字，但不利于显示数字的精确值。有时，我们可能会太全神贯注，试图得到一个更美丽的图。我的建议是克制自己，把时间和精力投资到其他工作上去。此阶段的目的是进行快速、敏捷的数据探索，以了解数据。在最终向上级或客户介绍数据时，你可以花更多的时间在视觉呈现上，但目前阶段你不应该这样做。一般只有在最后准备报告或演示文稿时，我才会更多地使用图。

data.table是一个优美的R包，可以用于进行快速、敏捷地进行数据探索、生成数据摘要。它在读取大型数据集方面比基础R包更快，在数据操作中内存效率更高。但在我看来，它最重要的功能是提供了简单且一致的数据操作的语法，从而加快分析速度并提高工作效率。在本章末尾你可以自己尝试完成计算练习，并体验一下。

本章中所有R代码的脚本都在flight14.R和pums2017_2.R中。

数据探索只是第二步。在第3章，我们将更仔细地考虑数据结构，并纠正那些R智能猜测错误的数据类型，避免它们在后续的ADA工作中产生不利影响。

概念练习

1. 什么是分类数据？举两个例子。

2. 什么是连续数据？举两个例子。

3. 你同意"数据探索的目的是创建图表来解释数据"这种说法吗？请给出解释。

4. 尝试了解利用箱线图确定异常值的原理。这是确定数据集中的异常值的最佳方法吗？请给出解释。

5. 解释数据呈右偏态分布的含义。举一个例子。

6. 解释数据呈左偏态分布的含义。举一个例子。

7. 除了绘制分布图外，还可以使用哪些统计信息来确定数据是左偏还是右偏？请给出解释。

8. 一家公司宣布，他们招收应届生的平均起薪为5000美元。这是应届生应得的"典型"薪资水平吗？请给出解释。

9. 极差和标准差都是数据离散程度的度量方式。解释每个措施的优缺点。

10. 最好使用标准差而不是方差作为数据离散程度的度量方式，尽管二者可以相互换算。为什么我们更喜欢标准差而不是方差？

计算练习

1. 回答以下有关states_ins_sub_dt.csv的问题。

(a) 未投保（即没有医疗保险）人口的总体占比是多少？每个州的比例是多少？

(b) 在投保人中，投保私人保险的人多还是投保公共保险的人多？3个州的总体比例和各州具体比例分别是多少？

(c) 3个州中，16岁以下、16至64岁和64岁以上人口的比例分别是多少？

(d) 人口的平均收入是多少？从统计结果来看，收益数据是左偏还是右偏？

(e) 3个州收入中位数的范围是多少？

(f) 列出分类变量 EMPLOYMENT 可能的分类值。

(g) 有些失业人员正在赚取收入。一家机构希望找出那些收入为零或负数的失业人员。3个州中的此类人员的数量分别是多少？

2. states_ins_sub_dt.csv 中的 EMPLOYMENT 列存在空白值。在除去空白值的情况下，分别报告每种就业类型的数量和比例，并对比例进行降序排序。

3. states_ins_sub_dt.csv 中的 EDUCATION 列存在空白值。在除去空白值的情况下，分别报告每个教育水平的人员数量和比例，并对比例进行降序排序。

4. 哪个变量与数据更偏离，收益还是收入？

5. 在 states_ins_sub_dt.csv 中，除去空白值后，列出每种就业类型下收入的最小值、最大值、平均数、中位数、标准差。如果你的目标是赚取高收入，你会选择哪种就业类型？请给出解释。

6. 在 states_ins_sub_dt.csv 中，除去空白值后，列出每种教育水平下收入的最小值、最大值、平均数、中位数、标准差。如果你的目标是赚取高收入，你会选择哪种水平的教育？请给出解释。

7. 在states_ins_sub_dt.csv中，每个州中以下比例分别是多少？

(a) 没有健康保险的老人；

(b) 没有健康保险的残疾人；

(c) 没有健康保险的女性。

8. 在flight14.csv中，创建一个"重大延误"的指示列（如果出发延误和到达延误的数值总和小于60则取0，否则取1）。找到一种方法来验证上述操作是否正确。

9. 在flight14.csv中，哪个始发地、目的地或航空公司的重大延误时间最长？

10. 在flight14.csv中，哪个始发地、目的地或航空公司的总延误时长最长？注意：总延误=出发延误+到达延误。

11. 分别查找前10个总延误时长最长的始发地、目的地和航空公司。注意：总延误=出发延误+到达延误。

第4章
数据结构和可视化

4.1 本章目标

在第3章中，我们通过快速生成数字摘要来探索数据，这些摘要基于数据回答了我们某些业务问题。我们还快速生成了简单的图表，以直观地了解数据。这两种组合的方法相互补充：图表提供了关于数据完整的"概览视角"，而数字摘要表则提供关于数据的具体细节。

在本章中，我们将更深入地了解用于表示数据的数据结构。无论你是否意识到，所有软件（包括R）都必须以特定格式存储和编码数据，以便于分析。

如果你了解数据结构及其意义或含义，数据结构将帮助你更好地探索和分析数据，甚至避免错误。有些错误，例如在构建预测模型时就引入的错误，如果未纠正，可能会对接下来的分析工作产生永久的不利影响。本章将使你能够了解、检查和更正（如有必要）数据结构，并极大地提高你在数据探索和后续预测建模方面的技能。

4.2 数据结构的格式

数据分析和数据科学工作中最常见的数据格式是表格式，其中每行表示一个案例（一个观察记录、一个人或一条记录），每列表示一个属性（一个变量、一个字段）。我们将CSV格式的简化PUMS数据集导入R时，采用的就是标准的表格式。

还有其他的数据格式，如交易格式将列出每笔交易中购买或涉及的所有项目。就像你使用电子表格整理收据中的信息那样，每行代表了一张收据中的信息。不像标准的表格式，实际中我们碰到表的各行中项的数量和类型可能会有所不同。在本书中，我们将主要关注标准的表格式。在后续出版的图书中，我将介绍作为关联规则技术一部分的交易格式。

在文件类型方面，CSV是分发数据时建议使用的格式，因为它只存储数据值，不存储其他内容。没有字体类型、没有格式、没有图形、没有Excel公式等，只有数据值。这意味着CSV文件格式可以被更多软件读取。

如果要分析的源数据存储在公司数据库中，则需要指定分析所需的变量名，并请技术人员尽可能将数据提取合并到一个CSV格式的标准表中。

第3章中使用的PUMS2017数据集是从相关PUMS网站上的3个州（代号分别为CA、NC、NY）的源数据集创建的，创建步骤如下。

1. 从PUMS网站下载3个州的源CSV数据文件。
2. 根据数据字典检查属性，确定哪些属性可能有助于回答我们关于医疗保险覆盖范围和收入分析的业务问题。
3. 仅选择潜在有用的列，将其合并到一个组合的CSV文件中。（我最初从源数据集的286列中选择其中的57列，然后再从这57列中进行剔除，以便进行后续特定分析。根据你分析目标的不同，你可能有不同的选择。）
4. 检查每个案例的唯一ID，如果源数据集中不存在，则创建一个ID。这对于行标识非常有用。然后验证没有重复的ID，每个ID都应该是唯一的。
5. 为了使数据简单易懂而重命名列，例如将ST重命名为STATE等。
6. 检查软件是否正确地识别分类数据。如有必要，将识别错误的变量格式化为分类数据，并对分类值打上标签，以便于理解。

7. 根据年龄大小结合法律定义，建立3个年龄组（儿童、青年、老年人）。

在第3章中，最终的PUMS2017数据集states_ins_sub_dt.csv是一个包含675393行、14列的表。

在R的 read.csv() 函数中，默认将字符串视为因子。相反地，在data.table包的 fread() 函数中，默认将字符串视为字符数据，而不是因子。因此，如果你有一个使用文本字符表示的分类变量，例如用F和M表示的性别，并且你还想要使用 fread()，那么告诉R性别是一个分类变量而不是字符的一个简单方法，是使用 stringsAsFactors=T 来覆盖默认参数。

4.3 检查数据结构

数据集中的每一列都有一个数据类型。数据类型将确定哪些过程可用于分析该列。R和其他一些软件在数据集中读取数据类型时可能会智能猜测数据类型。智能猜测基于列的内容进行。有时，智能猜测的结果是错误的，因此，你需要知道如何更改数据类型。

对于大多数分析，将变量分为以下数据类型之一就足够了：

- 连续数据；
- 分类数据，分为定类数据和定序数据；
- 文本数据。

还有其他的数据类型及子分类，但上述方法足以进行典型分析。

4.3.1 连续数据和分类数据

一个连续数据可以取合理范围内的任何值。例如：身高、体重、工资、价格等。

对于大多数成年人来说，身高可能达到1米～2米中的任何高度。也就是说，身高的值有无限多的可能，例如，理论上一个人的身高可以是1.624356734576789945米，但我们通常不会记录身高到这么多小数位。但是，如果我们有可以如此精确记录的测量工具，身高取到这个值是有可能的。重点是"有这个可能"。

相比之下，性别要么是男性要么女性。只有两个可能的值。无论如何对性别信息进行编码（例如编码为男和女、F和M、1和2），性别仍然是一个分类数据。但是，如果使用数字（1和2、0和1等）对性别信息进行编码，则大多数软件会认为它是一个连续数据，并视其为整数或实数。软件不知道"性别"的真正含义，于是基于内容智能猜测列名的数据类型。如果列中所有内容都是数字，那么智能猜测它是连续数据也是合理的了。这意味着如有必要，你需要检查并更正数据类型。

在RStudio中最快速检查变量的数据类型的方法是在Environment面板中点击数据集旁边的蓝色按钮，它将显示数据集中所有变量的数据类型。另一种选择是在R控制台上针对指定变量执行class()函数和结构函数str()。

在第1卷的第3章中，我们将PUMS2017数据集导入R并保存为R对象ins.dt。要检查列的数据类型，一个选项是运行R代码：

```
class(ins.dt$SEX)
## [1] "factor"
```

输出factor表示R将变量SEX视为分类数据。简而言之，在R中，使用因子（factor）表示分类，注意要遵循的语法格式：数据集名$列名。这个语法格式很有意义。可能有不同的具有相同列名称的数据集。先指定数据集名，再指定列名，可以确保查询结果没有歧义。这样，我们将使用错误变量的风险降至最低。

我们也可以使用str()函数：

```
str(ins.dt$SEX)
## Factor w/ 2 levels "F","M": 2 1 2 2 1 2 2 1 2 1 ...
```

　　这里显示了更多详细信息。ins.dt中的SEX列是具有两个分类值（F和M）的分类数据，尾随其后是分类值在R中的存储值表示形式。R语言将在内部默认按字母顺序用数字1、2、3······表示分类值。因此，F将在R内部表示为1，M将在R内部表示为2。你在数据表中将看不到这些数字，你只会看到F和M。

　　但这些内部表示值将对数据分析、图表和模型产生影响。由于1<2，因此在图表中F将显示在M之前。在模型中，与最低分类值1关联的分类数据将被设置为参考基线。我们将在讨论线性回归和逻辑回归时重提这一重要的概念。

　　性别是定类数据的一个例子。就像红色、黄色、绿色等颜色一样，不同颜色之间没有内在顺序。也就是说，它们只是标签，没有诸如"红色比绿色更大、更好或更糟"这样的概念。定类数据中没有顺序。相比之下，定序数据具有顺序信息。

　　以下是记忆定类和定序的意义的有利帮助。定类（nominal）的前两个字母为"no"，可以理解为"no order"，即为无序。定序（ordinal）的前两个字母为"or"，可以理解为"order"，也就是有序。

4.3.2　定类数据与定序数据

　　衬衫的尺码（S、M、L、XL）和满意度的水平（非常不开心、有点不开心、一般、快乐、非常快乐）是定序数据的例子。每个数值都传达了有关顺序的信息：M号衬衫大于S号衬衫、L号衬衫大于M号衬衫、"非常快乐"比"快乐"的快乐程度更高等。

　　如果变量是定序数据，则分析、表示和模型必须遵循它们的顺序。例如在柱状图中，柱条名称应该从S到M再到L，或者从L到M再到S，不能先显示S、L，然后再显示M。在分类回归树等模型中，如果使用了分组，则拆分算法应对相邻级别进行分组，即S和M一组，L独立一组；或S独立一组，M和L合并一组。模型不能将S、L分一组，然后M独立一组。只要软件将分类数据识别为定序而不是定类数据，就需要遵守此类约定。

在R中，我们可以使用函数factor()来显式地告诉R某个变量是定类数据。更改默认参数为ordered=T以指明变量中存在顺序概念。下面将使用一个简单的示例说明该过程。

首先，我们创建一个变量X，其中包含6个人的衬衫尺寸信息：

```
X <- c("S", "S", "L", "S", "M", "S", "XL")
```

现在检查X的数据类型：

```
class(X)
## [1] "character"
```

这里我们看到，R"智能"地猜测变量X为字符数据，而不是分类数据。

如果我们现在尝试使用plot(X)函数来绘制衬衫尺寸的柱状图，我们将得到一条错误消息，因为绘制字符数据没有意义。

需要要将X转换为分类数据。可以使用factor()函数：

```
X <- factor(X)
class(X)
## [1] "factor"
```

在将X转换为分类变量（现在变量将被视为因子）并保存回X（覆盖原始的X）后，class()函数显示X是分类数据，但默认情况下还是定类数据。

现在，我们可以生产变量X的摘要或柱状图：

```
table(X)
## X
## L  M  S  XL
## 1  1  4   1
```

```
plot(X,
     main ="Figure 4.1: Bar chart of Nominal Variable X (Shirt Size)")
```

但结果中似乎有些问题，如图4.1所示。

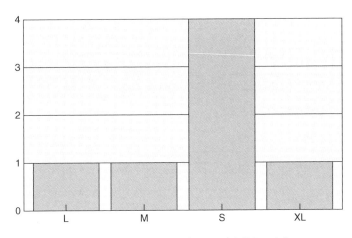

图4.1　定类变量X的条形图（衬衫尺寸）

我们看到在摘要和条形图中，XL显示在S的右侧。这是错误的，因为按照正常顺序，XL应显示在L的旁边。这是将定序数据视为定类数据的一个后果。由于定类数据没有顺序，因此在其他标签旁边显示哪个分类标签并不重要。默认情况下，R按字母顺序排列数据值。因此，XL就显示在了S之后。

我们可以使用levels()函数显式地告诉R报告标签和默认显示顺序：

```
levels(X)
## [1] "L" "M" "S" "XL"
```

这表明L是"第一个"标签（并且将是预测模型中的参考基线），而XL是"最后一个"标签。请注意，此处的"第一个"或"最后一个"仅用于显示目的：绘制定类数据的条形图仍然需要第一个柱线、第二个柱线等概念，即使定类数据没有顺序概念。这并不意味着L<M<S<XL。

为了告诉R，X是定序数据，只需更改factor()函数中的默认参数并提供顺序信息。你不应期望R（或任何软件）能自行知道数据值的正确顺序，除非你显式地告诉R。

将参数更改为ordered ＝ T并在levels参数内提供顺序信息，现在，R才会知道变量X是定序数据，顺序为S、M、L、XL。

可以运行class()确认数据类型，运行levels()显示顺序：

```
X <- factor(X, ordered = T, levels = c("S", "M", "L", "XL"))
class(X)
## [1] "ordered" "factor"
levels(X)
## [1] "S" "M" "L" "XL"
```

现在再绘制的摘要和条形图就会正确显示了（如图4.2所示）：

```
table(X)
## X
## S  M  L  XL
## 4  1  1   1
plot(X,
     main ="Figure 4.2: Bar chart of Ordinal Variable X(Shirt Size)")
```

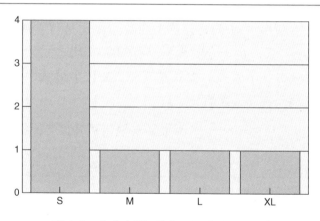

图4.2　定序变量X的条形图（衬衫尺码）

4.4　可视化

我们已经看到了数据结构将如何影响可视化结果。在第3章中，我们制作了一些基本图表，图表的类型取决于数据类型。散点图可用于连续变量Y和连续变量X，箱线图可用于连续变量Y和分类变量X。我们刚刚展示了定类数据与定序数据如何影响到数值表和绘图。

对于简单的图表，基础R包就足够了。如果你需要更复杂的图表或图表中的更多控件，那么一个流行的选择是安装和使用免费的R包ggplot2。

ggplot2包通过用不同的视觉效果区分数据值、逐层构建图表（即每个图层只负责最终图表的一个元素）等方法，为你的数据可视化提供了更大的灵活性。可以在相同的数据值上应用不同的视觉效果。

图4.3是一个简单的示例，它的代码如下所示：

```
library(ggplot2)
ggplot(data = ins.dt[STATE == 'NY'], aes(x = EARNINGS, y =
INCOME)) + geom_point() + labs(title = "Figure 4.3: Income vs
Earnings in NY")
```

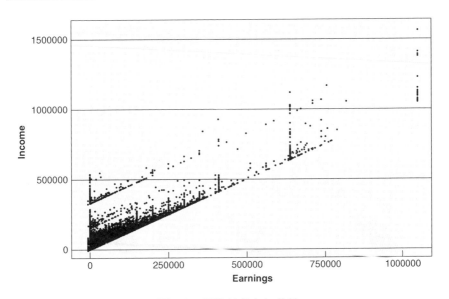

图4.3 纽约的收入与收益

图4.3显示，在纽约，人们的收入通常高于工资，而且有许多人

没有工资但有收入。下面的表将提供确切的数值：

```
ins.dt[STATE == 'NY', .(.N, Health.Insured = round(sum(HICOV
== 'Y')/length(HICOV),2)), by= .(EARNINGS > 0, INCOME > 0)]
##    EARNINGS INCOME      N Health.Insured
## 1:     TRUE   TRUE 103023           0.94
## 2:    FALSE   TRUE  40133           0.99
## 3:       NA     NA  31129           0.97
## 4:    FALSE  FALSE  19989           0.89
## 5:       NA  FALSE   1965           0.97
## 6:       NA   TRUE    333           0.98
## 7:     TRUE  FALSE     13           1.00
```

从程序的输出中，我们看到有40133例工资为负值但收入却为正值的情况。幸运的是，其中的99%有医疗保险。医疗保险覆盖率最低（为89%）的是负工资和负收入的人员（共有19989例）。

对于简单的图表，使用基础R而不是ggplot2的速度可能会更快。ggplot2的价值是生成更复杂的、更好看的图表。一个例子是使用分面（faceting）在不同的标准上比较相同的图表（如图4.4所示）：

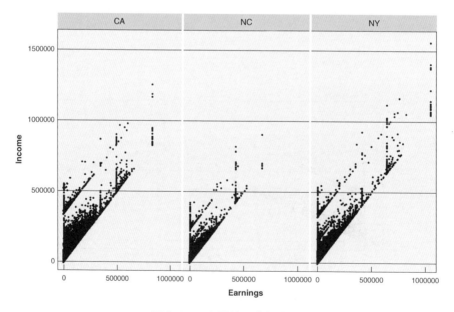

图4.4　3个州的工资与收入

```
ggplot(data = ins.dt, aes(x = EARNINGS, y = INCOME)) + geom_
point() + facet_grid(. ~ STATE) +labs(title = "Figure 4.4:
Income vs Earnings across 3 States")
```

通过比较不同州的工资与收入，我们可以看到各州的相似性和差异。3个州的收入通常都高于工资，但纽约的收入最高。

4.5 结论

数据结构非常重要，会影响数据报告（通常通过数值表）、可视化和模型。因此，能够检查软件在识别数据集中的数据类型并更改默认值（如有必要）是非常重要的。

否则，在你使用软件、将学习开发的模型对数据进行后续分析时，这将对你产生不利影响。

ggplot2包还可以制作许多其他复杂的图表。如果你有兴趣，请参阅第3章，并在数据集上进行练习。

概念练习

1. 定类数据和定序数据有什么区别？举一个例子。

2. 解释在数据分析中使用标准表格式的利弊。

3. 在连续数据和分类数据上，分别举出给定一个可以计算的统计数据的例子。

4. 针对下面的数据，可以使用哪些图来进行可视化？

   (a)连续数据；

   (b)分类数据；

   (c)两个连续数据；

   (d)两个分类数据；

   (e)一个分类数据和一个连续数据；

5. 解释使用可视化替代数字摘要的利弊。

计算练习

1. 在 states_ins_sub_dt.csv 中，新建一列并将其命名为 College Degree，用该列来表示这个人是否有大学或以上学位。每种学位具体有多少人？

2. 在 states_ins_sub_dt.csv 中，删除 RT 列，并验证删除操作是否执行正确。

3. 在 states_ins_sub_dt.csv 中，验证 EMPLOYMENT 是否是分类数据。如果是，为每个分类中的人员数量生成一个摘要表。哪个分类是参考基线？尝试将参考基线改为 Pte For-Profit（即免税营利性组织）。

4. 在 states_ins_sub_dt.csv 中，绘制每个州的收入与年龄的对比图。图中是否存在一个收入会大幅下降的明确的边界年龄？

5. 在 states_ins_sub_dt.csv 中，受教育程度和健康保险范围之间有联系吗？各州之间的情况相似吗？

6. 在 states_ins_sub_dt.csv 的投保人中，投保私人医疗保险与公共医疗保险的分配情况如何？各州之间的情况相似吗？不同收入之间的情况相似吗？

第5章
数据清洗和准备

5.1　本章目标

你在探索数据时，可能已经检查并设置了正确的变量（列名称）数据结构类型，也可能正在进行数据可视化。但此时，如果你注意到了一些没有意义的怪异内容，那么，欢迎你来到现实世界。

一定不要轻易假设数据集是干净且无错误的。在得出数据是良好的结论，并进入下一阶段的分析工作前，进行充足的数据探索是非常重要的。如果能及早发现和纠正问题，那么随后的分析就更可信了。想象一下，你正在向上级或客户汇报工作，突然有人问：为什么性别有3种不同的数值？你应该为此准备好一个答案。

数据清洗和准备的第一个步骤是检查缺失值。

5.2　缺失值

对缺失值的识别和处理非常重要，因为它们会在后续分析中产生不利影响。在许多软件包中，许多函数和模型都有自动处理缺失值的特殊方法，包括R。例如，在R中，mean()函数有个选项na.rm=T，cor()函数也有选项use="complete.obs"，线性回归和逻辑回归中在计算最优拟合曲线或运行逻辑函数前会排除缺失值所在的行。只要R能识别这是一个缺失的值，那么它就会自动为你完成处理。然而，要识别出缺失值，R依赖于NA值。其他不同的软件也使用不同的约定方法，SPSS依赖使用圆点来表示缺失值，而SAS使用圆点针对数字变量、使用空格针对文本字符变量来表示缺失值等。

遗憾的是，如果在电子表格中记录数据并未提供或编译缺失值的代码表，则人们或IT系统会使用各种各样的方式对缺失值进行编码。在数据集children.csv中就提供了一个简单示例。

 ### 5.2.1 更正不一致的缺失值记录

下面的CSV文件包含了一些记录不一致的数据。

```
Library(data.table)
setwd('<PATH>/5_Data Cleaning')
children.dt <- fread('children.csv')
children.dt
##      children Room
## 1:          1    2
## 2:          3    3
## 3:          2   na
## 4:          0    .
## 5:          0    3
## 6:       <NA>    4
## 7:    missing    4
## 8:        N/A    4
## 9:          m    3
## 10:         M    2
## 11:              4
## 12:       -99    2
## 13:         4    3
## 14:         1    3

sum(is.na(children.dt)) # 数据集中只存在一个NA
## [1] 1
which(is.na(children.dt)) # NA值位于第6行
## [1] 6
```

在children.csv中，采用9种方法记录缺失值：

- NA；

- na；

- missing；

- N/A；

- -99；

- 空白；

- m；

- M；

- 圆点。

但是，只有第一个编码值NA会被R识别为缺失值。因此，sum(is.na(children.dt))报告数据集中只缺少一个值，which(is.na(children.dt))显示缺失值位于数据集的第6行。但是，数据集中实际上缺少9个值，只不过缺失值的代码没有统一。

这是一个容易解决的问题。我们只需要设置参数na.strings即可显式地告诉R代表缺失值的所有编码。

```
setwd('<PATH>/ADA1/5_Data Cleaning')
# 使用na.strings将所有的缺失值定义为NA
children2.dt <- fread('children.csv', na.strings = c("NA",
"missing", "N/A", -99, "","m", "M", "na", "."))
children2.dt # 所有9种缺失值都记录为NA

##     children Room
## 1:         1    2
## 2:         3    3
## 3:         2   NA
## 4:         0   NA
## 5:         0    3
## 6:        NA    4
## 7:        NA    4
## 8:        NA    4
## 9:        NA    3
## 10:       NA    2
## 11:       NA    4
## 12:       NA    2
## 13:        4    3
## 14:        1    3
```

```
sum(is.na(children2.dt)) # 在数据集中有9个NA
## [1] 9
which(is.na(children2.dt))
## [1] 6 7 8 9 10 11 12 17 18
which(is.na(children2.dt$children)) # children列的NA值都在哪里
## [1] 6 7 8 9 10 11 12
which(is.na(children2.dt$Room)) # Room列的NA值都在哪里
## [1] 3 4
```

我的建议是对数据输入人员实施编码约定：如果你打算使用R，则缺失值应全部记录为大写的"NA"。这样，即使你正在使用另一个软件，也能更容易将一个NA值转换为另一个软件使用的特定缺失值代码，而不是尝试转换这么多可能的缺失值代码。而且，你还可能会错过某些缺失值代码，特别是在数据输入人员输入数据时"创新地"使用了其他方法的情况下。更糟糕地，你可能将实际有效的值误转换为了缺失值。例如，-99可能只是特定条件的代码，而不是缺失值。

不幸的是，人们对缺失值存在一个常见的认识误区。现在，让我们明确"NA"这个代码的具体含义。

5.2.2 NA 和 NULL

NA代表不可用（not available）。这意味着存在一个值，但由于某种原因，该值缺失，并且没有记录在数据集中。相反，在某些情况下，数据的缺失是因为确实没有值。（请再阅读一下这句话，它实际上是有道理的。）

比如，我的儿子Andre六年级的数学成绩应该记录为NA还是NULL？

Andre今年4岁。今天，2018年9月7日，作为环保意识教育的一部分，幼儿园老师派他和同学去海滩上捡垃圾。

因此，他的六年级（学生年龄通常是12岁）数学成绩，目前[1]应

---

① 指本书英文版写作时，即2018年。——编者注

该记录为NULL。这个值并不存在，因为他现在还在上幼儿园。如果4岁的他现在就能有一个优秀的六年级数学成绩，我想他会出现在报纸的头条新闻中。

如果值存在，但不可用，则应使用NA，比如我头发的数量。我的头发数量这个值的确存在，但没有人费心去统计和记录它，因此将它记录为NA。如果我的头发数量被记录为NULL，我可能会不开心。

我们有充分的理由区分NA和NULL。除了向人告知数值之外，某些模型实际上还会将所有NA进行归因，也就是说，有可用的公式去尝试估计所有NA缺失值。但是，它们会理所当然地忽略NULL值，而不估计它。估计NULL值没有意义，因为该值一开始就不存在。

大多数归因公式仍然需要人类指定如何最好地估计缺失值——是采用所有可用值的平均值，还是从中取一些值再求平均值？是取中位数还是众数？是否要更创造性地使用线性回归模型估计去估计缺失值？

如果你使用分类回归树模型，则无须绞尽脑汁来决定如何归因缺失值。这种模型具有内置机制，可通过代理的概念自动处理缺失值。没有必要让人来决定如何处理缺失值。我们将在第8章中学习这种简要的机制。

5.2.3 处理（真实存在的）缺失值

假设你没有使用分类回归树，那么需要就如何处理NA做出一些决定。第一个简单的问题是：我是否应该删除NA所在的数据行？

通常，一行中只会有几个NA，如果删除整个行则会浪费数据，因为非NA值的列中仍存在了一些价值信息。那么下一个问题就是：我应该如何估算NA值？因为，如果不估算NA值，则许多模型，例如线性回归和逻辑回归，将会自动将任何具有NA值的行从它们的考虑范围之内排除。因此，你如果想要使用一种无法自动处理缺失值的模型，却还想要分析此类NA行中的非NA列中的信息内容，则必须需要自己处理缺失值。你必须找到处理NA缺失值的智能方法。

有两种常用的方法可以做到这一点：

- 估算缺失值，然后用估算值替换NA值。
- 将缺失值重新编码为要单独分析的特殊分类值，如Missing。这个方法仅适用于分类变量。

5.3 处理分类数据中的 NA 和错误值

在分类数据中，有几种方法可以处理NA：

- 尽可能查找并替换为实际值；
- 根据列的众数进行估计；
- 按相关子组中的众数进行估计；
- 使用以下模型进行估计：
  - 逻辑回归；
  - 分类回归树；
  - 神经网络；
  - MARS；
- 暂时将其重新编码为另一个分类值以便进行分析。

大多数软件在分析和绘制图表时会忽略缺失值。如果该分类缺失值数据更值得分析，而不是忽略，一种方法就是将缺失值记录在一个分类值中，如Missing。然后，该软件将以分类数据的方式处理Missing类的数据，类似于处理其他分类值。

5.4 处理连续数据中的 NA 和错误值

将NA重新编码为其他分类数据的选项仅适用于分类数据。对于连续数据，有如下处理选项：

- 尽可能查找并替换为实际值；
- 用整列的平均值进行估计；
- 用相关子组的平均值进行估计；
- 使用以下模型进行估计：
  - 线性回归；
  - 分类回归树；
  - 神经网络；
  - MARS；
- 将连续变量离散处理转换为分类数据，然后编码为NA。

考虑PUMS2017中的INCOME列（连续数据）。在第3章的数据探索中，我们学习到数据集中的INCOME存在负值。在决定继续做什么之前，让我们先深入调查一下INCOME为负值的含义。我们可以使用其他列中的信息来帮助我们做出决定。

如果负数值对应的这个人是一个有工作、拥有3辆车和2栋房子的高收入者，那么我倾向于认为负收入是一个排版错误。确认这一点的唯一方法就是检查实际的纸质记录（此人的调查或纳税申报）或联系这个人。如果没有可行的办法来获得实际值，下一个选择是估计并替换为正值，因为对于这种资料，正收入很可能比负收入更准确。假设在数字前面加上额外的"–"代表了排版错误，我们还可以计算此类子组的均值、建立收入的线性回归模型、用正值数据替换等方法来猜测这个数据。

如果你想规避风险，又不想覆盖原始数据值，则可能需要创建一个新列来保存所有实际值和估计值，以便原始列保持不变，或者创建指示列以指示原始列中更改了哪个值。

如果INCOME代表净收入（这个也是来自文件的定义），那么可以有某人的工资是正数，但收入为负数的情况。

将 INCOME 离散为不同的区间

有时，在分析中不需要细粒度的 INCOME 数据，仅统计数据所在的区间就足够了。这样的话，也可以选择将 NA 值视为单独的、在图表和报告中可以看到的 Missing 类的方法。

这项工作将涉及数据准备，而不是数据清洗。我将其设置为计算练习，并且在配套资源中提供了可用解决方案。

5.5 结论

平均而言，项目 80% 的时间用于数据清洗。数据清洗的主要问题是没有明确的方法可以回答"应该怎么做"的问题。如果我们总是可以通过检查源文档或人员获得实际数据值，数据清洗将很容易。不确定性更大，我们使数据更不干净的风险也越来越大。在一天结束的时候，我们能有多大的把握说，我们重新编码或更改的数据值比数据集中记录的原始数据值更好（更干净）？

作为一个类比，请考虑法院在宣判之前需完成的举证责任。我在后面附加了一个数字，以表示定罪所需的可信度。这是一个主观数字，只是为了显示改变嫌疑人生活所需的举证责任在不断增加：

- 一些证据（5%）；
- 合理的怀疑（10%）；
- 包含可能被捕的原因（20%）；
- 已有一些可信的证据（30%）；
- 已有大量证据（40%）；
- 优势证据（或概率平衡）（51%）；
- 已有令人信服的清晰证据（80%）；
- 足够合理地怀疑（91%）；

- 几乎确定（99.9%）；
- 确定（100%）。

假如定罪需要举证责任达到6级、刑事审判中定罪的标准是8级，那么这将不要求判定某人犯罪时的举证责任达到10级。在法官或陪审团的心目中，达到10级往往是不可能的或不可行的。而要在街上拦截并搜查某人，警察的心中只需要满足2级标准即可。

当你决定是更改数据值还是保留原始值时，更改操作所需的举证责任是几级？如果不更改数据值且当前值是错误的，错误的成本是多少？如果更改数据值而原始值更准确，这时的错误成本又是多少？

就我个人而言，如果有几个变量中存在很多缺失值，我更喜欢将举证和决策责任转嫁给分类回归树，尤其是当没有更好的信息或合理的归责方法时。这样可以节省时间和精力。

概念练习

1. 删除缺失值所在行的优点和缺点是什么？

2. 使用变量的平均值估计缺失值的优点和缺点是什么？

3. 处理缺失值需要如此耗费时间的原因是什么？

4. 如果我们什么都不做、保留所有的缺失值，会发生什么？

5. 拟一份数据分析师在处理分类数据中的缺失值时需遵循的程序清单。

6. 拟一份数据分析师在处理连续数据中的缺失值时需遵循的程序清单。

计算练习

1. 载入children.csv文件，并将-99重新编码为9。

2. 检查第3章PUMS2017数据集中AGE列的取值范围。该范围是否合理？是否存在缺失值？

3. 按州检查第 3 章 PUMS2017 数据集中 INCOME 列的取值范围。该范围是否合理？是否存在缺失值？

4. 按州检查第 3 章 PUMS2017 数据中 EARNING 列的取值范围。该范围是否合理？是否存在缺失值？

5. 在第 3 章的 PUMS2017 数据集中创建新的 INCOME 区间变量。你可以为每个区间选择任何合理的边界值，但请务必记录它们。

6. 在第 3 章的 PUMS2017 数据集中创建新的 EARNING 区间变量。你可以为每个区间选择任何合理的边界值，但请务必记录它们。

7. 如果一个人缺少 INCOME 值但有 EARNING 值，则同一 EARNING 区间和其所在州的子组内的平均收入可用于估算缺失的 INCOME 值。请对收入为 100000 美元的人实施此类估算。

8. 提出一种方法来验证你在第 7 题中的程序是估计缺失值的理想方法。

9. 将第 7 题与其他仅使用 EARNING 信息（不使用居住州信息）的程序进行比较。哪个程序更好一些？

10. 将第 7 题与使用简单收入线性回归来估算收入（不使用居住状态信息）的程序进行比较。哪个程序更好一些？

第6章

线性回归：最佳实践

6.1 本章目标

在对数据进行初步探索和清洗之后，我们就可以准备开发数据预测模型了。如果模型预测的结果变量 Y 为连续数据，那么，我们可以考虑使用线性回归。

相关性是一种伴随简单线性回归的流行而常见的统计学术语。我们应确保自己是否真正理解相关性的含义。

6.2 相关性

mtcars 是R的一个标准数据集，摘自1974年的 *Car* 杂志，由32行、11列的数据帧组成：

```
head(mtcars)
##                    mpg cyl disp  hp drat    wt  qsec vs am gear carb
## Mazda RX4         21.0   6  160 110 3.90 2.620 16.46  0  1    4    4
## Mazda RX4 Wag     21.0   6  160 110 3.90 2.875 17.02  0  1    4    4
## Datsun 710        22.8   4  108  93 3.85 2.320 18.61  1  1    4    1
## Hornet 4 Drive    21.4   6  258 110 3.08 3.215 19.44  1  0    3    1
## Hornet Sportabout 18.7   8  360 175 3.15 3.440 17.02  0  0    3    2
## Valiant           18.1   6  225 105 2.76 3.460 20.22  1  0    3    1
```

第一列（即mpg列）记录了汽车每消耗1加仑燃油可行驶的英里

数（Miles Per Gallon, MPG）[①]，是燃油效率的衡量标准，因此，MPG越高，汽油成本就越低，因为消耗同样的燃油，这些汽车可以行驶更长的距离。影响mpg的重要因素是什么？我们可以通过相关性统计来检查关联的数据：

```
round(cor(mtcars), 2)
##        mpg   cyl  disp    hp  drat    wt  qsec    vs    am  gear  carb
##   mpg  1.00 -0.85 -0.85 -0.78  0.68 -0.87  0.42  0.66  0.60  0.48 -0.55
##   cyl -0.85  1.00  0.90  0.83 -0.70  0.78 -0.59 -0.81 -0.52 -0.49  0.53
##  disp -0.85  0.90  1.00  0.79 -0.71  0.89 -0.43 -0.71 -0.59 -0.56  0.39
##    hp -0.78  0.83  0.79  1.00 -0.45  0.66 -0.71 -0.72 -0.24 -0.13  0.75
##  drat  0.68 -0.70 -0.71 -0.45  1.00 -0.71  0.09  0.44  0.71  0.70 -0.09
##    wt -0.87  0.78  0.89  0.66 -0.71  1.00 -0.17 -0.55 -0.69 -0.58  0.43
##  qsec  0.42 -0.59 -0.43 -0.71  0.09 -0.17  1.00  0.74 -0.23 -0.21 -0.66
##    vs  0.66 -0.81 -0.71 -0.72  0.44 -0.55  0.74  1.00  0.17  0.21 -0.57
##    am  0.60 -0.52 -0.59 -0.24  0.71 -0.69 -0.23  0.17  1.00  0.79  0.06
##  gear  0.48 -0.49 -0.56 -0.13  0.70 -0.58 -0.21  0.21  0.79  1.00  0.27
##  carb -0.55  0.53  0.39  0.75 -0.09  0.43 -0.66 -0.57  0.06  0.27  1.00
```

对数据集应用cor()函数计算其中所有列、所有可能的双变量相关性。相关性是一个双数值变量的概念。

为了帮助你直观地识别出相关性的高低和正负，我们可以使用来自Corrplot包的corplot()函数来对任何数据集的相关性矩阵进行可视化：

```
library(corrplot)
corrplot(cor(mtcars), type = "lower", main = "Figure 6.1:
Correlation Plot of mtcars",cex.main = 0.9, mar = c(0, 0, 2, 0))
```

输出结果如图6.1所示。

从图6.1中可以看到，以下变量对之间存在高度的正相关性（深蓝色）：

- cyl和disp（相关性指数为0.90）；

[①] 根据R Documentation网站的解释，mtcars数据集中的加仑为美式加仑，1加仑约合3.79升；1英里约合1.61千米。作者仅考虑不同列之间的关系，而略去了除mpg列外其他列的含义，如cyl列代表气缸数等。读者如感兴趣可以自行查询。——编者注

- disp和wt（相关性指数为0.89）；
- cyl和hp（相关性指数为0.83）；
- am和gear（相关性指数为0.79）。

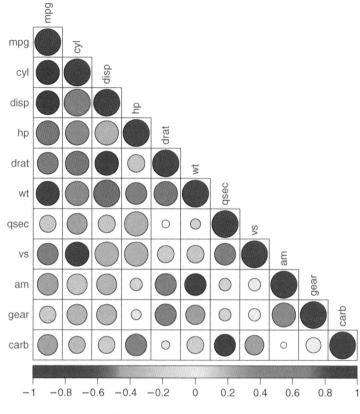

图6.1　mtcar的相关性图

而高度的负相关性（深红色）则存在于以下变量对之间：

- mpg和wt（相关性指数为−0.87）；
- mpg和cyl（相关性指数为−0.85）；
- mpg和disp（相关性指数为−0.85）；
- cyl和vs（相关性指数为−0.81）。

可忽略的相关性关系（几乎为白色）存在于以下变量对之间：

- am和carb（相关性指数为0.06）；
- drat和qsec（相关性指数为0.09）；
- drat和carb（相关性指数为−0.09）。

但是，当我们说相关性为0.90或−0.87时，究竟是在表达什么意思呢？我们的意思是否为：

- 一个变量会影响到另一个变量？
- 两个变量之间有直接的线性关系，相关性指数的符号表示了线条的斜率为正或为负？

对于几乎为零的相关性（例如0.06），我们的意思是否为：

- 一个变量不会影响到另一个变量？
- 这两个变量之间没有因果关系？

上述陈述并不总是正确的。

6.2.1 强相关和因果关系

我们中学时在物理或科学课上做过的一个实验是将不同质量的砝码挂到弹簧下，并测量弹簧的伸长长度。作为勤奋的学生，我们用两列表格写下了测量结果：砝码质量和弹簧长度。如果有人计算这两个变量的相关性，将会得到一个较高的正值（可能为0.93）。在这种情况下，有如下的因果关系：砝码使弹簧伸长，砝码越重，弹簧越长。强相关的数值正代表了这个因果关系。

然而，如果两个变量是冰淇淋的销售数量和溺水死亡的人数，我们也会得到强相关的结果（相关性也许是0.91），但冰淇淋的销售真的会导致溺水死亡吗？如果你同意，请再读一遍这段话。

是什么导致了冰淇淋销售和溺水死亡之间的强相关？最可能的原因是高温。这里有一个未被记录的变量：温度。较高的温度导致更多的人购买冰淇淋，也催使更多的人去海滩或游泳池游泳。在两个变量之间的相关性的概念中无法考察其他因素的影响。

　　虽然上述两种情况都表现出了强相关，但弹簧实验表明了一种因果关系，冰淇淋的销售情况则不然。因此，强相关不等同于因果关系。也就是说，强相关可能是因果关系造成的，也可能不是。

 ## 6.2.2　强相关和直线关系

　　此前，我们发现mpg和汽车重量即（wt）之间的相关性是一个高正值。绘制出的散点图显示出了明显的线性趋势（如图6.2所示）：

```
plot(x = mtcars$wt, y = mtcars$mpg, main = "Figure 6.2:
ScatterPlot of mpg vs wt", cex.main = 0.9)
cor(mtcars$wt, mtcars$mpg)
## [1] -0.8676594
```

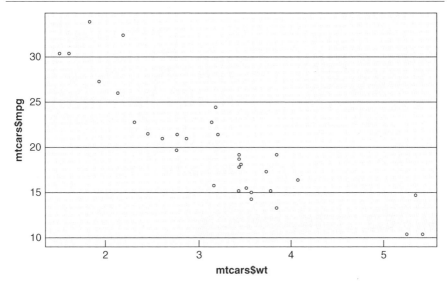

图6.2　mpg与wt的散点图

　　这是否意味着高度的正相关性代表了明显的正斜率直线趋势，而高度的负相关意味着明显的负斜率直线趋势？下面这个案例会展示得更明白：

```
x <- c(-30, -25, -20, -15, -10, -5, -1)
y <- c(905, 630, 405, 203, 105, 30, 6)
plot(x, y, main = "Figure 6.3: ScatterPlot of y vs x", cex.
main = 0.9)
cor(x, y)
## [1] -0.9619599
```

上诉代码绘制出的图6.3显示出非常高的负相关性：-0.96，但散点图显示出的并不是直线的样子。我可以告诉你 y 的数值是由公式 $y=x^2+5$ 生成的，来证明这一点：这些散点呈现出的是一个二次趋势，而不是线性趋势。然而，相关性指数还是一个很高的数值。

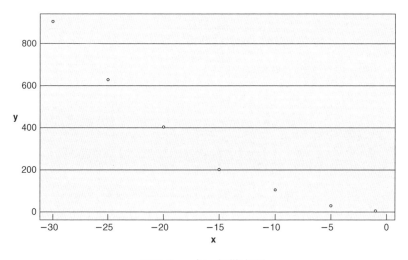

图6.3 y 与 x 的散点图

 ## 6.2.3 弱相关性和无趋势

在前面，我们发现 drat 和 qsec 之间的相关性指数非常低（0.09）。绘制它们之间的散点图（如图6.4所示）：

```
plotx = mtcars$drat, y = mtcars$qsec, main = "Figure 6.4:
ScatterPlot of qsec vs drat", cex.main = 0.9)
cor(mtcars$drat, mtcars$qsec)
## [1] 0.09120476
```

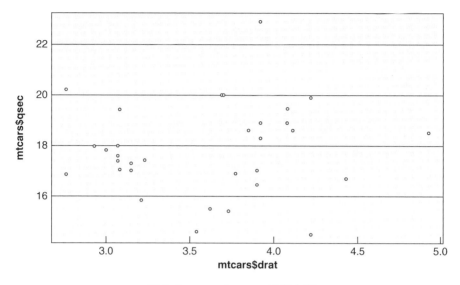

图6.4 qsec与drat的散点图

　　图6.4显示drat和qsec之间并没有关联趋势,散点看起来像随机点上去的。对于零相关性或是接近零相关性的情况,这种现象是否始终如此?

　　让我们绘制另一个图(如图6.5所示)来回答这个问题:

```
x <- c(-30, -25, -20, -15, -10, -5, -1, 30, 25, 20, 15, 10, 5, 1)
y <- c(905, 630, 405, 203, 105, 30, 6, 905, 630, 405, 203, 105,
30, 6)
plot(x, y, main = "Figure 6.5: Scatterplot of y vs x", cex.
main = 0.9)
cor(x, y)
## [1] 0
```

　　图6.5中x和y之间的相关性完全为零。然而,x和y之间呈现出一个明显的二次趋势,散点看起来也不像随机点上去的。因此,零或几乎为零的相关性可能是无趋势的,也可能不是无趋势的。

　　到目前为止,你可能已经学会了一些关于相关性的新知识。相关性不像你以为的那么简单。

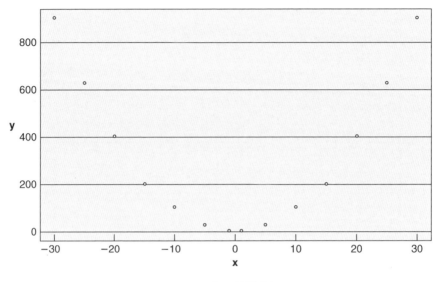

图6.5 y与x的散点图

那么，相关性究竟能衡量什么呢？再看看前面两个二次趋势图。你应该能够自己找出答案，然后你就将最终了解相关性的值真正意味着什么。

6.3 单输入变量的线性回归

很多书都从单个因子（一个输入变量*X*）的情况开始教授线性回归，这是有原因的。如果线性回归模型中只有一个*X*，那么我们可以绘制图并看到所有的内容以研究*Y*和*X*的关系。如果有许多*X*，则无法这样做。

R通过pairs()函数提供了一次性查看所有二维散点图（如图6.6所示）的能力：

```
#具有平滑红色曲线的所有变量的散点图矩阵。
pairs(~ . , panel=panel.smooth, data = mtcars, main = "Figure
6.6: ScatterPlot Matrix of mtcars dataset", cex.main = 0.9)
```

图6.6显示出了所有变量对的散点图和红色的平滑曲线。这条曲线可以帮助标识出大多数情况：它会被"吸引"到大多数散点附近。

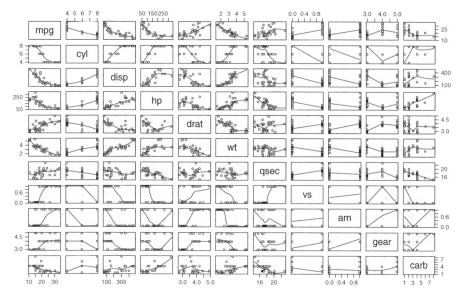

图6.6 mtcar数据集的散点图矩阵

绘制这样宽泛的图并不是一个好的做法，因为通常会有太多的变量需要考虑（比如超过20个），而在绘制图时应该考虑到我们的目的是预测。

在开发任何模型之前，应该要问：该模型的业务目的是什么？我们如果主要对mpg感兴趣，并且希望能够从汽车的其他属性来"预测"mpg的值，那么就将mpg设置为的 Y 轴。

所有组合的散点图（即图6.6）中，只有第一行中的图表是与mpg相关的。我们可以看到，高mpg代表着：

- 低cyl；
- 低disp；
- 低hp；
- 高drat；
- 低wt；
- 高vs；
- 高am；

● 低 carb。

让我们首先考虑使用与 mpg 相关性最高的 wt 因子，尝试构建我们的第一个单因子线性回归模型。线性回归模型使用 lm() 函数创建。你还需要使用 summary() 函数来查看结果：

```
m1 <- lm(mpg ~ wt, data = mtcars)
summary(m1)

##
## Call:
## lm(formula = mpg ~ wt, data = mtcars)
##
## Residuals:
##     Min      1Q  Median      3Q     Max
## -4.5432 -2.3647 -0.1252  1.4096  6.8727
##
## Coefficients:
##             Estimate Std. Error t value Pr(>|t|)
## (Intercept) 37.2851     1.8776   19.858  < 2e-16 ***
## wt          -5.3445     0.5591   -9.559 1.29e-10 ***
## ---
## Signif. codes: 0 '***' 0.001 '**' 0.01 '*' 0.05 '.' 0.1 ' ' 1
##
## Residual standard error: 3.046 on 30 degrees of freedom
## Multiple R-squared: 0.7528, Adjusted R-squared: 0.7446
## F-statistic: 91.38 on 1 and 30 DF, p-value: 1.294e-10
```

我们将生成的线性回归模型保存为 R 对象 m1，并使用 summary() 查看 m1 结果。m1 即为模型 1（model 1）的缩写。要预测的变量（即变量 Y）放置在波浪号 "~" 的左侧。所有其他可能有助于预测 Y 的输入变量（即变量 X）都放置在波浪号的右侧，因此，R 代码中的 "mpg ~ wt" 表示 wt 是变量 X，可用于预测 mpg。

从摘要输出中可知生成的线性回归方程为：$\widehat{mpg} = 37.285 - 5.344wt$，这里，wt 输入变量被评价为 3 星（即程序输出 "***"）显著，也就是说，其 P 值介于 0 到 0.001 之间，因此我们有信心否定 wt 的总体 β 为 0 的假设，并得出结论：其总体 β 不为 0。这是一个很好的结论，因为它说明，wt 是一个与 mpg 相关的统计学显著因素。我们如果使用默认的 5%（0.05）作为 P 值的边界值，则需要至少观察到 "*"。当然，星号越多，我们越自信。如果使用 10%（0.1），那么至少需要观察到 "."。

我们可以忽略输出中的 `Std. Error` 和 `t value` 列。它们已被计入 P 值列中，显示为 `Pr(>|t|)`。

$\widehat{mpg}$ 中的 "^" 符号是一个统计学符号，用于表示模型生成的 mpg 值。这是为了区分模型生成的值和数据中的实际值。通过将模型生成（或预测）的 $\widehat{mpg}$ 与数据中的实际 mpg 进行比较，我们可以计算模型误差。

由于此回归模型只包含一个变量 X，因此我们可以有机会研究散点图内的回归线。如果回归模型有许多变量 X（如图6.7所示），我们将无法看到这一点。

```
plot(x = mtcars$wt, y = mtcars$mpg, main = "Figure 6.7:
Regression Line with wt as sole factor", cex.main = 0.9)
abline(m1, col = "red")
```

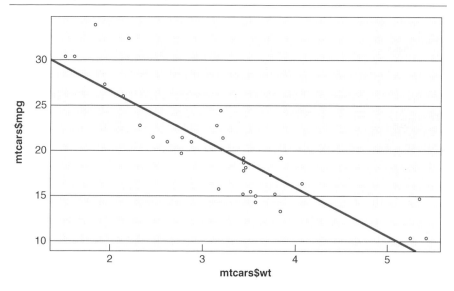

图6.7　以 wt 为唯一因子的回归线

6.4　多重 R 方和调整 R 方

回归方程 $\widehat{mpg} = 37.285 - 5.344 wt$ 的多重 R 方（multiple R-squared，

也称确定系数）约为0.753。简单地说，这意味着75.3%的数据可以用上述方程来解释。还有其他影响mpg但未在等式中体现的因素。多重R方是一个介于0和1之间的值。如果值达到1（即100%），则表示所有数据点都完美地落在了直线上。

当多重R方公式首次发布时，许多人都很兴奋。现在，终于有一个数字可以衡量线性回归方程与数据的拟合程度了。但很快，进一步的研究揭示了一个令人不安的事实。如果我们在方程中添加越来越多的变量，即使是多余的、不能用于解释或预测Y的变量，多重R方的值也将继续增加。因此，我们不能简单地依靠多重R方来比较两个不同的线性方程，以查看哪个方程更拟合数据。因为，具有更多变量的方程几乎总是会获胜，不论其中的变量是否有用。

为了缓解此问题带来的影响，我们可以对每个额外增加的变量X引入一个"惩罚"项。我们对每个变量X收取固定成本，如果某个X能显著减少模型错误，则整体上R方的值仍会增加；如果某个X仅稍微减小或不减小模型误差，则总体上会使R方值减小。这就是调整R方（adjusted R-squared）——使用惩罚系统调整R方值，以达到无用的变量X进入模型可导致R方值下降的目的。

这种调整能解决无用或多余的变量X的问题吗？不能。因为无论X的有用程度如何，惩罚值都是不变的。这种思路只能缓解问题带来的影响，但无法从根本上解决问题。

实际上，如果线性回归模型中有多个变量X，并且我们只使用线性回归模型的话，则最好使用调整R方而不是多重R方。

那么可以用调整R方在一个在任何预测模型中挑选出具有统计显著性的X吗？不可以。有两个原因。

第一个原因是R方只是一个线性回归概念。的确也有方法可以总结逻辑回归的R方公式，例如伪R方（pseudo-R-squared），但标准版本的R方仅存在于线性回归中。因此，你不能使用R方比较不同类型的预测模型（神经网络、分类回归树、支持向量机、MARS等）。正如第2章中所述的，用于比较不同预测模型的标准方法是针对连续变量Y的测试集RMSE和针对分类变量Y的测试集混淆矩阵。

第二个原因是调整R方采用对所有变量"一刀切"的处理方法。如果固定的惩罚值设置过高，则在某些线性回归应用中模型可能会拒绝有用的X；如果设置过低，则又无法筛选其他线性回归应用中无用的X。

如果使用线性回归，则调整R方是需要考虑的信息来源之一，但它不应是唯一的来源。

6.5 线性回归方程和线性回归模型

求出线性回归方程$\widehat{mpg} = 37.285 - 5.344wt$只完成了创建线性回归模型工作的一半。另一半是误差项。

线性回归模型最简单的样式是：

$$Y = \hat{Y} + \varepsilon$$

这里的$\hat{Y}$表示Y的预测模型，ε是实际值Y和预测值$\hat{Y}$之间的误差项，在有k个因子的线性回归中，则有：

$$\hat{Y} = b_0 + b_1 X_1 + b_2 X_2 + \cdots + b_k X_k$$

且：

$$\varepsilon \sim N(0, \sigma^2)$$

在碰到任何实际数据之前，以上就是最简单的线性回归模型范式。这很重要，因为它意味着我们对上述模型规范做了相关假设。在目睹数据之后，这种假设是否仍然合理？

让我们将模型规范中的数学假设说得更通俗一些：

117

- X和Y之间的关系是线性的；
- 误差项遵循正态分布；
- 误差项具有恒定的方差。

可以通过模型诊断图检查这些假设。

6.6 模型诊断图

R提供了4个用于检查模型假设的标准图，如图6.8所示。绘制代码为：

```
cat("Figure 6.8: Model Diagnostics")
par(mfrow = c(2,2))  #每次绘制4个图
plot(m1)  # 绘制m1的诊断图
par(mfrow = c(1,1))  # 重置图选项，每次绘制1个图
```

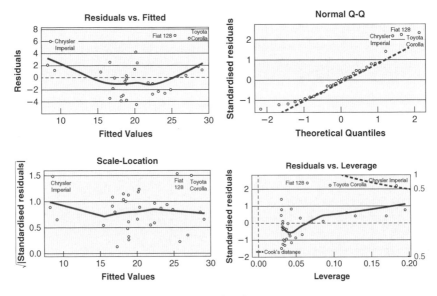

图6.8 模型诊断图

术语"残差"（residual）是$Y-\hat{Y}$的同义词，听起来比"模型中的

误差"更好。残差是正常的,是预料之中的。

图6.8左上方的图验证线性关系假设。理想情况下,绘制的点应随机分布于零的两侧。红色曲线显示中心区域中的大多数点随机分布接近0,但曲线两端出现了弯曲。U形曲线表明,更拟合数据的可能是二次趋势,而不是线性趋势。我们将在6.8节中探讨如何在模型中添加一个二次项。

右上方的图验证正常的分布式误差假设。理想情况下,大多数点应落在或靠近看起来像对角线一样的虚线。同样,我们注意到图内右上方的点有一些问题,表明尾部分布出现问题,但是问题不够严重,不足以否定正常的分布式错误假设。绝大多数点仍然靠近虚线。

左下方的图表验证恒定误差方差假设。理想情况下,绘制的点应在每个相同的垂直切片内随机分布。同样,我们注意到图内最左方由于数据点不足而出现一些小问题。问题不够严重,不足以否定恒定误差方差假设。

右下方的图验证有影响力的异常值(如果有的话)。这是一个非常有趣和有用的图,它检测到一个有影响力的异常值案例"Chrysler Imperial"。任何超出图内右上方或右下方红色虚线"门"的点都是有影响力的异常值。

6.7 有影响力的异常值

存在两种异常值:有影响力的和无影响力的。图6.9清楚地解释了它们间的差异。

图6.9a和图6.9b各有一个异常值。哪个图表存在有影响力的异常值?如果比较删除异常值前后的回归线(如图6.10所示),答案就变得显而易见了。

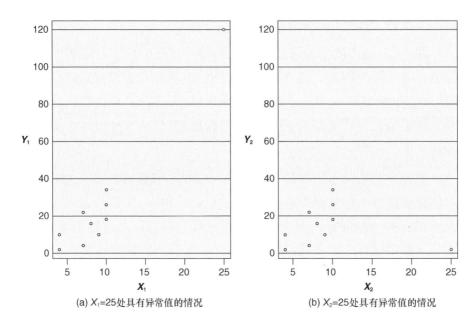

(a) X_1=25处具有异常值的情况　　　　　(b) X_2=25处具有异常值的情况

图6.9　哪个情况中的异常值有影响力？

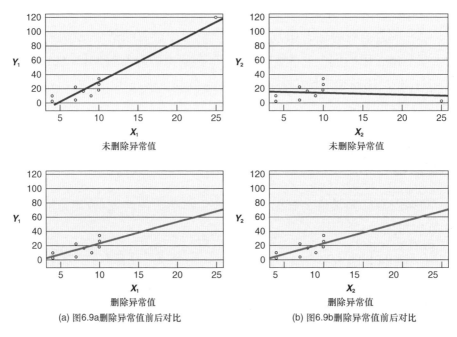

未删除异常值　　　　　　　　　　未删除异常值

删除异常值　　　　　　　　　　　删除异常值

(a) 图6.9a删除异常值前后对比　　　　　(b) 图6.9b删除异常值前后对比

图6.10　删除异常值前后的回归线对比

图6.9b存在有影响力的异常值，删除该异常值会对回归线产生巨大影响。在此示例中，删除异常值使回归线的斜率从负值变为正值。相比之下，图6.9a的回归线变化更小。

在此示例中，即使在绘制任何回归线之前，也能明显看出图6.9b存在有影响力的异常值。但是，这种现象仅能在仅有一个变量 X（使得我们可以绘制变量 Y 与单个变量 X 的图表）的情况下看到。如果回归方程中有许多变量 X，会怎么样？我们将无法绘制此类图表以"看出"异常值（即使有），但仍然可以使用模型诊断图（图6.8）中右下方的图表，以识别出任何有影响力的异常值。上面模型诊断图中的4个图表都可以通过 plot(模型名) 生成，无论回归模型中 X 变量的数量是多少。

6.8　向模型中增加一个二次项

在模型中自动添加二次项，而又无须在数据集中为 X^2 创建新列的一种方法[1]是使用 AsIs 的函数 I()：

```
m2 <- lm(mpg ~ wt + I(wt^2), data = mtcars)
summary(m2)

##
## Call:
## lm(formula = mpg ~ wt + I(wt^2), data = mtcars)
##
## Residuals:
##    Min    1Q Median    3Q    Max
## -3.483 -1.998 -0.773 1.462 6.238
##
## Coefficients:
##             Estimate Std. Error t value Pr(>|t|)
## (Intercept)  49.9308     4.2113  11.856 1.21e-12 ***
## wt          -13.3803     2.5140  -5.322 1.04e-05 ***
## I(wt^2)       1.1711     0.3594   3.258  0.00286 **
## ---
```

[1]　另一种方法就是在 lm(mpg, poly(wt, 2), data=mtcars) 中使用2阶的 poly() 函数，但结果会有所不同。可以在R控制台使用 ?poly 找出原因。

```
## Signif. codes: 0 '***' 0.001 '**' 0.01 '*' 0.05 '.' 0.1 ' ' 1
##
## Residual standard error: 2.651 on 29 degrees of freedom
## Multiple R-squared: 0.8191, Adjusted R-squared: 0.8066
## F-statistic: 65.64 on 2 and 29 DF, p-value: 1.715e-11
```

现在，m2的线性回归方程变成了 $\widehat{mpg} = 49.93 - 13.38wt + 1.17wt$，而且线性项和二次项都具有统计学显著性。与m1比较，残差标准误差（residual standard error）降到了2.651，调整 R 方提高到0.8066。

检查模型诊断图（如图6.11所示）：

```
cat("Figure 6.11: Model 2 diagnostics")
par(mfrow = c(2,2))  # 每次绘制4个图
plot(m2)  # 绘制m2的诊断图
par(mfrow = c(1,1))  # 每次绘制1个图
```

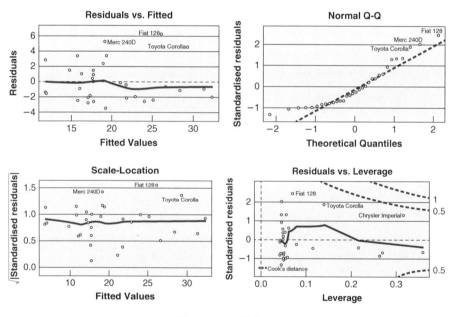

图6.11 m2诊断图

对比图6.11和图6.8的4个模型诊断图可知，m2的4个评价指标都较m1有所改善。特别是，左上方的图比m1的相应图显示出更随机

的分布，红色曲线更水平。在m2中不存在有影响力的异常值。

6.9 多因子的线性回归

有许多因素会影响到mpg。在多元线性回归中，我们首先需要考虑的是找到一种方法来识别出有用的影响因子。一种方法就是列入与mpg相关性高的因子。与mpg具有次强相关的变量是cyl。cyl（代表汽车气缸数）是一个整数，但我们如果能够推断无论当前cyl数是多少，cyl每增加1单位，mpg的变化都相同，就可以把它视为回归中的连续数据。否则，应该将cyl视为分类数据，以便不假设斜率恒定。这种灵活性的代价是回归模型中以虚拟变量（dummy variable）的形式增加的变量数。

R如果将变量识别为分类数据，则将自动为其创建虚拟变量。通过class()或str()函数可检查变量的数据结构是否为因子。也可以查看RStudio的环境面板。如果R未将其识别为因子，请使用factor()函数将其转换为分类数据：

```
str(mtcars$cyl)
## num [1: 32] 6 6 4 6 8 6 8 4 4 6 ...
```

cyl在数据集mstcars中被判定为一个数字，也就是连续数据。我们需要将其转换为分类数据，然后再将其作为第二个因子添加到线性回归模型中：

```
mtcars.dt <- mtcars # 创建副本以保留原始数据集
mtcars.dt$cyl <- factor(mtcars.dt$cyl)
str(mtcars.dt$cyl) # 检查现在cyl的数据结构是因子
## Factor w/ 3 levels "4","6","8": 2 2 1 2 3 2 3 1 1 2 ...
m3 <- lm(mpg ~ wt + cyl, data = mtcars.dt)
summary(m3)

##
## Call:
## lm(formula = mpg ~ wt + cyl, data = mtcars.dt)
##
```

```
## Residuals:
##      Min       1Q   Median       3Q      Max
## -4.5890 -1.2357  -0.5159  1.3845  5.7915
##
## Coefficients:
##                  Estimate Std. Error t value Pr(>|t|)
## (Intercept) 33.9908       1.8878   18.006  < 2e-16 ***
## wt          -3.2056       0.7539   -4.252 0.000213 ***
## cyl6        -4.2556       1.3861   -3.070 0.004718 **
## cyl8        -6.0709       1.6523   -3.674 0.000999 ***
## ---
## Signif. codes: 0 '***' 0.001 '**' 0.01 '*' 0.05 '.' 0.1 ' ' 1
##
## Residual standard error: 2.557 on 28 degrees of freedom
## Multiple R-squared: 0.8374, Adjusted R-squared: 0.82
## F-statistic: 48.08 on 3 and 28 DF, p-value: 3.594e-11
```

现在等式只有两个因子：wt和cyl，但输出的摘要中有两行以上的数据。这表明，由于增加了分类变量cyl，R自动创建了虚拟变量。

现在m3的线性回归方程变成了$\widehat{mpg} = 33.99 - 3.21wt - 4.26(cyl==6) - 6.07(cyl==8)$，等式中所有因子都呈统计显著性。与m1或m2相比，残差标准误差降至2.557，调整R方增加至0.82。

可以通过levels()函数检查分类值的数值：

```
levels(mtcars.dt$cyl)
## [1] "4" "6" "8"
```

输出显示cyl共有3个值，但是只有后2个出现在了m3的回归方程中。cyl取4这个情况发生了什么？

创建虚拟变量的策略是始终比分类值数少一个数值。因此，尽管cyl取了3个值，但是只有两个虚拟变量cyl==6和cyl==8被创建了。默认情况下，参考基线是按字母顺序排列的第一个值。在此示例中，cyl取4就是参考基线。你如果确实不喜欢这个默认选项，可以通过relevel()函数将参考基线更改为其他值。表6.1显示了使用的显式编码表。第一列列出原始分类变量值，而接下来的两列显示两个虚拟变量的虚拟编码。

表6.1 编码表

原始分类变量	虚拟变量	
	cyl==6	cyl==8
4	0	0
6	1	0
8	0	1

虚拟变量只能有两个可能值：0和1，其中0表示假，1代表真。

- cyl取4时，cyl==6为假（编码为0），cyl==8为假（编码为0）；
- cyl取6时，cyl==6为真（编码为1），cyl==8为假（编码为0）；
- cyl取8时，cyl==6为假（编码为0），cyl==8为真（编码为1）。

这就很明显地解释了为什么只要两个虚拟变量就足以表示具有3个值的分类变量。当虚拟变量都编码为0时，这就等效于参考基线，即cyl取4。

你如果理解了虚拟变量的编码规则，那么就可以正确地解释m3的回归方程了。

$\widehat{mpg} = 33.99 - 3.21wt - 4.26(cyl==6) - 6.07(cyl==8)$ 具有以下含义。

- 每增加1单位的wt，则mpg平均会降低3.21单位。
- 如果汽车有6个气缸，与有4个气缸的汽车（基线）相比，它的mpg平均会降低4.26单位。
- 如果汽车有8个气缸，与有4个气缸的汽车（基线）相比，它的mpg平均会降低6.07单位。

可以看到，我们始终将分类数据的效果与一个作为基线的分类进行比较。

那么对于有4个气缸的汽车，回归方程是什么？

根据虚拟变量编码表，这种情况等效于 `cyl==6` 和 `cyl==8` 都为假，因此我们无须对截距值进行调整。基线对 `mpg` 的影响已经体现在截距值 33.99 中了，不同的 `cyl` 值只是对 33.99 的调整。

现在你已了解如何解释回归方程，让我们检查 m3 的诊断图（如图 6.12 所示）以验证假设：

```
cat("Figure 6.12: Model 3 diagnostics")
par(mfrow = c(2,2))
plot(m3)  # 绘制m3的诊断图
par(mfrow = c(1,1))
```

图 6.12 中的模型诊断图没有显示出任何明显违反假设的行为，也没有有影响力的异常值——虽然数据不完美，但可以接受。

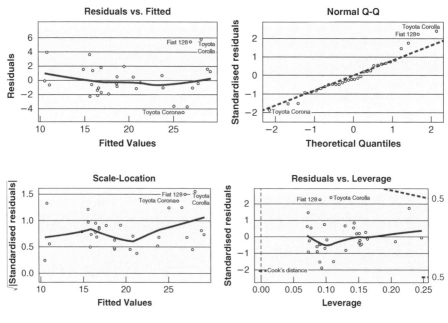

图6.12 m3诊断图

变量的选择

如第2章所述，对于一个问题可以有多个正确的模型。我们可以把wt^2或其他因素纳入m3。本小节列出了一些可能将变量挑选到线性回归模型中的方法。

领域知识

如果我们对问题有很强的领域知识或专家意见，那么领域专家可以决定在模型中应包含哪些变量。但是，如果一个问题涉及很多变量，专家可能会说某个子集更重要（例如X_1、X_3、X_{27}），但没有对其他变量发表意见（也就是说其他变量不重要）。在这种情况下，你可以使用统计学意见，用变量的P值来强调专家的意见。

向后消除

另一种方法就是首先使用所有可能有用的变量（即排除身份号码、ID等无用的变量），然后要么根据P值的结果手动筛选，要么使用自动过滤算法，如向后消除（backward elimination），每步消除最弱相关的变量，直到满足统计的停止条件。默认情况下，step()函数可执行向后消除。

```
mtcars.dt$vs <- factor(mtcars.dt$vs)
mtcars.dt$am <- factor(mtcars.dt$am)
mtcars.dt$gear <- factor(mtcars.dt$gear)
mtcars.dt$carb <- factor(mtcars.dt$carb)
m.full <- lm(mpg ~ . , data = mtcars.dt) #"."表示线性回归所有的变量
m4 <- step(m.full)

## Start: AIC=76.4
## mpg ~ cyl + disp + hp + drat + wt + qsec + vs + am + gear + carb
##
##          Df Sum of Sq    RSS     AIC
## - carb 5    13.5989 134.00  69.828
## - gear 2     3.9729 124.38  73.442
## - am   1     1.1420 121.55  74.705
## - qsec 1     1.2413 121.64  74.732
## - drat 1     1.8208 122.22  74.884
```

```
## - cyl   2   10.9314 131.33 75.184
## - vs    1    3.6299 124.03 75.354
## <none>             120.40 76.403
## - disp 1    9.9672 130.37 76.948
## - wt   1   25.5541 145.96 80.562
## - hp   1   25.6715 146.07 80.588
##
## Step: AIC=69.83
## mpg ~ cyl + disp + hp + drat + wt + qsec + vs + am + gear
##
##        Df Sum of Sq    RSS    AIC
## - gear  2    5.0215 139.02 67.005
## - disp  1    0.9934 135.00 68.064
## - drat  1    1.1854 135.19 68.110
## - vs    1    3.6763 137.68 68.694
## - cyl   2   12.5642 146.57 68.696
## - qsec  1    5.2634 139.26 69.061
## <none>             134.00 69.828
## - am    1   11.9255 145.93 70.556
## - wt    1   19.7963 153.80 72.237
## - hp    1   22.7935 156.79 72.855
##
## Step: AIC=67
## mpg ~ cyl + disp + hp + drat + wt + qsec + vs + am
##
##        Df Sum of Sq    RSS    AIC
## - drat  1    0.9672 139.99 65.227
## - cyl   2   10.4247 149.45 65.319
## - disp  1    1.5483 140.57 65.359
## - vs    1    2.1829 141.21 65.503
## - qsec  1    3.6324 142.66 65.830
## <none>             139.02 67.005
## - am    1   16.5665 155.59 68.608
## - hp    1   18.1768 157.20 68.937
## - wt    1   31.1896 170.21 71.482
##
## Step: AIC=65.23
## mpg ~ cyl + disp + hp + wt + qsec + vs + am
##
##        Df Sum of Sq    RSS    AIC
## - disp  1    1.2474 141.24 63.511
## - vs    1    2.3403 142.33 63.757
## - cyl   2   12.3267 152.32 63.927
## - qsec  1    3.1000 143.09 63.928
## <none>             139.99 65.227
## - hp    1   17.7382 157.73 67.044
## - am    1   19.4660 159.46 67.393
## - wt    1   30.7151 170.71 69.574
##
## Step: AIC=63.51
```

```
## mpg ~ cyl + hp + wt + qsec + vs + am
##
##         Df Sum of Sq    RSS    AIC
## - qsec  1     2.442 143.68 62.059
## - vs    1     2.744 143.98 62.126
## - cyl   2    18.580 159.82 63.466
## <none>              141.24 63.511
## - hp    1    18.184 159.42 65.386
## - am    1    18.885 160.12 65.527
## - wt    1    39.645 180.88 69.428
##
## Step: AIC=62.06
## mpg ~ cyl + hp + wt + vs + am
##
##         Df Sum of Sq    RSS    AIC
## - vs    1     7.346 151.03 61.655
## <none>              143.68 62.059
## - cyl   2    25.284 168.96 63.246
## - am    1    16.443 160.12 63.527
## - hp    1    36.344 180.02 67.275
## - wt    1    41.088 184.77 68.108
##
## Step: AIC=61.65
## mpg ~ cyl + hp + wt + am
##
##         Df Sum of Sq    RSS    AIC
## <none>              151.03 61.655
## - am    1     9.752 160.78 61.657
## - cyl   2    29.265 180.29 63.323
## - hp    1    31.943 182.97 65.794
## - wt    1    46.173 197.20 68.191
```

　　向后消除从包含10个输入变量的完整模型开始，最终只筛选出4个变量。使用summary()可以查看通过向后消除选择出来的线性回归模型：

```
summary(m4)
##
## Call:
## lm(formula = mpg ~ cyl + hp + wt + am, data = mtcars.dt)
##
## Residuals:
##     Min      1Q  Median      3Q     Max
## -3.9387 -1.2560 -0.4013  1.1253  5.0513
##
## Coefficients:
```

```
##                Estimate Std. Error t value Pr(>|t|)
## (Intercept) 33.70832      2.60489  12.940 7.73e-13 ***
## cyl6         -3.03134      1.40728  -2.154  0.04068 *
## cyl8         -2.16368      2.28425  -0.947  0.35225
## hp           -0.03211      0.01369  -2.345  0.02693 *
## wt           -2.49683      0.88559  -2.819  0.00908 **
## am1           1.80921      1.39630   1.296  0.20646
## ---
## Signif. codes: 0 '***' 0.001 '**' 0.01 '*' 0.05 '.' 0.1 ' ' 1
##
## Residual standard error: 2.41 on 26 degrees of freedom
## Multiple R-squared: 0.8659, Adjusted R-squared: 0.8401
## F-statistic: 33.57 on 5 and 26 DF, p-value: 1.506e-10
```

m4由cyl、wt、hp和am组成，其调整R方为0.8401。

检查m4模型诊断图（如图6.13所示）：

```
cat("Figure 6.13: Model Diagnostics")
par(mfrow = c(2,2))
plot(m4)  # 绘制m4的模型诊断图
par(mfrow = c(1,1))
```

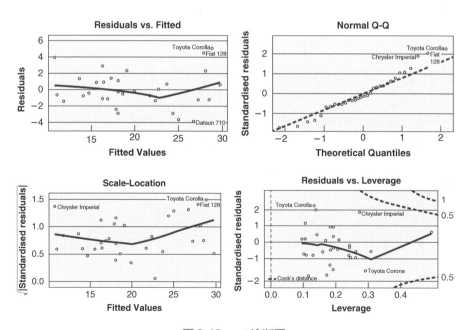

图6.13　m4诊断图

结果不算完美，但也没有明显的问题。

除了向后消除，`step()` 函数还允许向前添加和双向输入 / 删除两种方法。

在向前添加（forward addition）的方法中，我们从 null（即无 X 变量）或只有几个 X 变量的、非常小的模型开始，让算法自动将相关性最强的变量添加到模型中（每次 1 个），并在进一步添加变量对模型的结果影响微乎其微时停止添加。一旦变量进入到模型中后，将不再将其删除。

相比之下，双向输入 / 删除（bidirectional entry/remove）允许变量进入模型，然后检查所有当前变量再进行删除。可以在 R 控制台上使用 `?step()` 查找相关可选参数。

忽略 F 统计量及其 P 值

R 的每个线性回归摘要输出中的最后一行表示 F 统计量（F-statistic）及其 P 值。这些在实践中可以忽略掉。零假设认为回归模型中的所有变量都毫无用处，这意味着它很容易，而且几乎总是会被拒绝。如果它几乎总是被拒绝，那么为什么还有人仍然想做这个统计测试呢？

替代假设几乎总是占上风。它指出：当前模型中至少有 1 个变量是有用的。具体哪个？一共有有多少个有用的变量？替代假设无法解释，也就是说，这种检验的结果毫无用处。

多重共线性问题和 VIF

线性回归常见的并发问题是多重共线性问题。如果 X_7 与当前包含 $X_1 \sim X_6$ 的模型是高度相关的，则在模型中包含 X_7 是冗余的：有关 X_7 的信息可以由 $X_1 \sim X_6$ 派生出来。多重共线性问题的特征就是不稳定的模型系数，因此这种情况下模型系数不应解释为变量对反馈的影响。

作为一个例子，让我们看看包含全部 10 个变量的完整模型输出的数字摘要：

```
summary(m.full)
##
## Call:
## lm(formula = mpg ~ ., data = mtcars.dt)
##
## Residuals:
##     Min     1Q  Median     3Q     Max
## -3.5087 -1.3584 -0.0948 0.7745 4.6251
##
## Coefficients:
##              Estimate Std. Error t value Pr(>|t|)
## (Intercept) 23.87913   20.06582   1.190   0.2525
## cyl6        -2.64870    3.04089  -0.871   0.3975
## cyl8        -0.33616    7.15954  -0.047   0.9632
## disp         0.03555    0.03190   1.114   0.2827
## hp          -0.07051    0.03943  -1.788   0.0939 .
## drat         1.18283    2.48348   0.476   0.6407
## wt          -4.52978    2.53875  -1.784   0.0946 .
## qsec         0.36784    0.93540   0.393   0.6997
## vs1          1.93085    2.87126   0.672   0.5115
## am1          1.21212    3.21355   0.377   0.7113
## gear4        1.11435    3.79952   0.293   0.7733
## gear5        2.52840    3.73636   0.677   0.5089
## carb2       -0.97935    2.31797  -0.423   0.6787
## carb3        2.99964    4.29355   0.699   0.4955
## carb4        1.09142    4.44962   0.245   0.8096
## carb6        4.47757    6.38406   0.701   0.4938
## carb8        7.25041    8.36057   0.867   0.3995
## ---
## Signif. codes: 0 '***' 0.001 '**' 0.01 '*' 0.05 '.' 0.1 ' ' 1
##
## Residual standard error: 2.833 on 15 degrees of freedom
## Multiple R-squared: 0.8931, Adjusted R-squared: 0.779
## F-statistic: 7.83 on 16 and 15 DF, p-value: 0.000124
```

我们从mpg对cyl的相关性、散点图或箱线图（如图6.14所示）中可以知道mpg与cyl呈负相关关系，也就是说cyl的数量越高，mpg越低：

```
plot(x = mtcars.dt$cyl, y = mtcars.dt$mpg, main ="Figure 6.14:
The higher the cyl, the lower the mpg", xlab = "cyl", ylab =
"mpg", cex.main = 0.9)
```

但在m.full输出的摘要中，cyl==6的系数是比cyl==8的系数绝对值更高的负值。如果我们以标准方式解释系数，则意味着在影响mpg方面，cyl==6表现最差，而cyl==8更优，仅略低于cyl==4（基线）。这种"标准"解释显然是错误的，从展示cyl和mpg关系的箱线图中就可以证明这一点。

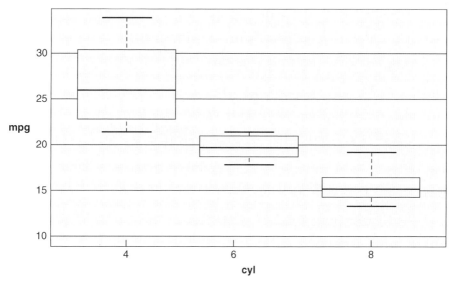

图6.14 cyl越高，mpg越低

在m.full中发生的事情正是多重共线问题的表现。模型中存在高度相关的变量，导致了系数的巨大方差。

多重共线问题的另一个简单示例是第2章中的儿童生长数据。由于左臂的长度与右臂长度高度相关，因此线性回归模型如果同时包含这两个因素的话，系数将变得不稳定。等式的整体含义不会受到多重共线问题的影响，表现依旧良好，但不能再以标准方式来简单地解释系数了。

在实践中，使用相关性来检测多重共线性是不够的，因为相关性的概念只能用于两个变量之间，线性回归中的输入变量数通常大于2。我们需要检查多重共线变量，而不仅仅是相关变量。

在多因子线性回归中，有一个能更全面地检测多重共线性和"罪魁祸首" 变量存在的方法：使用方差膨胀因子（Variance Inflaction Factor，VIF）。使用这个方法的简单步骤是运行 car 包中的 `vif()` 函数。

对于 VIF 确定包含多重共线性的边界值应设定为多少，业界还没有达成共识。如果模型中所有变量的 VIF 分数小于 5，则没有多重共线性问题。如果模型中某些变量的 VIF 分数高于 10，则存在多重共线性问题。如果 VIF 介于 5 和 10 之间，则模型处于灰色地带：一些研究人员得出了存在多重共线性的结论，而另一些没有。

但是，在模型中使用分类变量时，模型会计算出名为 GVIF 和 GVIF(1/(2*DF))（后称调整 GVIF）的值[1]。边界值的确定过程更加主观，一些研究人员将调整 GVIF 取 2 作为边界值。

让我们检查完整模型的 VIF 或调整 GVIF 分数，然后分别将其与 m4（从向后消除选择的 4 个变量）、m3（wt 和 cyl）和 m2（wt 和 I(wt^2)）的 VIF 或调整 GVIF 进行比较。

你如果已经下载并安装了免费的 R 包——car，就可以很容易地得到任何模型的 VIF：

```
library(car)
vif(m.full)

##              GVIF Df GVIF^(1/(2*Df))
## cyl  128.120962  2        3.364380
## disp  60.365687  1        7.769536
## hp    28.219577  1        5.312210
## drat   6.809663  1        2.609533
## wt    23.830830  1        4.881683
## qsec  10.790189  1        3.284842
## vs     8.088166  1        2.843970
## am     9.930495  1        3.151269
## gear  50.852311  2        2.670408
## carb 503.211851  5        1.862838

vif(m4)
```

---

[1] GVIF 即 "生成的 VIF"（generalized VIF）。本书仅简要介绍 GVIF 和调整 GVIF 的应用方法。——编者注

```
##         GVIF Df GVIF^(1/(2*Df))
## cyl 5.824545  2         1.553515
## hp  4.703625  1         2.168784
## wt  4.007113  1         2.001778
## am  2.590777  1         1.609589

vif(m3)

##         GVIF Df GVIF^(1/(2*Df))
## wt  2.580096  1         1.606268
## cyl 2.580096  2         1.267386

vif(m2)

## wt          I(wt^2)
## 26.69857 26.69857
```

在 m.full 中，许多变量的调整 GVIF 在 2 以上。特别是 cyl 的调整 GVIF 为 3.36，远高于 2。

在 m4 中，变量的调整 GVIF 略高于 2 或低于 2，系数比 m.full 中稳定得多，这时候以标准方式解释系数更稳妥。

在 m3 中，变量的调整 GVIF 都低于 2。

在 m2 中，VIF 远远大于 10，这是预料之中的，而不会令人担心，因为根据定义，wt^2 与 wt 的相关性很强。

以下两种方法可以处理高 VIF 或高调整 GVIF 的情况。

- 将具有高 VIF 的变量（逐一）丢弃，重新运行模型，并测试新的 VIF，直到所有 VIF 低于截止值。
- 保留一些高 VIF 变量。整体模型在 mpg 的预测和解释中仍然正确，但模型将无法诠释各个系数。因为标准解释在高 VIF 模型中是错误的。

6.10 训练-测试拆分

如果想为 mpg 开发一个预测模型，那么还需要有一个公正的模

型预测误差估计。执行训练-测试拆分的一种简单方法是使用caTools
包中的`sample.split()`函数。

现在，我们将演示70：30训练测-试拆分，以测试包含了`wt`和`cyl`
两个变量的模型的性能。

```
library(caTools)
# 生成一个可以被复制来验证结果的随机数序列
set.seed(2004)
# 70%为训练组。在Y=mpg上分层。注意：在此示例中，样本大小只有32个
train <- sample.split(Y = mtcars.dt$mpg, SplitRatio = 0.7)
trainset <- subset(mtcars.dt, train == T)
testset <- subset(mtcars.dt, train == F)
# 在训练集和测试集中验证Y的分布情况是类似的
summary(trainset$mpg)
##  Min. 1st Qu. Median  Mean 3rd Qu.  Max.
## 10.40   15.20  18.95 19.30   22.45 33.90
summary(testset$mpg)
##  Min. 1st Qu. Median  Mean 3rd Qu.  Max.
## 13.30   17.43  19.45 21.84   28.18 32.40
# 在训练组上开发模型
m5 <- lm(mpg ~ wt + cyl, data = trainset)
summary(m5)

##
## Call:
## lm(formula = mpg ~ wt + cyl, data = trainset)
##
## Residuals:
##     Min      1Q  Median      3Q     Max
## -3.2661 -1.2129 -0.5959 0.7297 6.5749
##
## Coefficients:
##             Estimate Std. Error t value Pr(>|t|)
## (Intercept) 32.4884     2.1995  14.771 1.67e-11 ***
## wt          -2.8137     0.8017  -3.510  0.00250 **
## cyl6        -3.5525     1.6282  -2.182  0.04262 *
## cyl8        -6.1986     1.7338  -3.575  0.00216 **
## ---
## Signif. codes: 0 '***' 0.001 '**' 0.01 '*' 0.05 '.' 0.1 ' ' 1
##
## Residual standard error: 2.496 on 18 degrees of freedom
## Multiple R-squared: 0.8333, Adjusted R-squared: 0.8055
## F-statistic: 29.99 on 3 and 18 DF, p-value: 3.235e-07
residuals(m5)
```

```
##          Mazda RX4      Mazda RX4 Wag           Datsun 710
##         -0.5638093          0.1536969           -3.1604660
##      Hornet 4 Drive   Hornet Sportabout              Valiant
##          1.5103718          2.0895729           -1.1002594
##          Duster 360           Merc 240D             Merc 230
##         -1.9446396          0.8874963           -0.8250537
##         Merc 450SLC Cadillac Fleetwood Lincoln Continental
##         -0.4537521         -1.1175399           -0.6279474
##   Chrysler Imperial      Toyota Corolla     Dodge Challenger
##          3.4497664          6.5748653           -0.8853271
##         AMC Javelin    Pontiac Firebird            Fiat X1-9
##         -1.4244958          3.7291416            0.2562403
##       Porsche 914-2      Ford Pantera L        Maserati Bora
##         -0.4669410         -1.5701395           -1.2446396
##          Volvo 142E
##         -3.2661411
```

 # 残差=误差=实际的mpg − 模型预测的mpg
```
RMSE.m5.train <- sqrt(mean(residuals(m5)^2)) # m5模型的训练集RMSER
summary(abs(residuals(m5))) # 检查最小和最大的误差绝对值
##   Min. 1st Qu. Median    Mean 3rd Qu.     Max.
## 0.1537  0.6772 1.1811  1.6956  2.0533   6.5749
# 应用训练集生成的模型去预测测试集的数据
predict.m5.test <- predict(m5, newdata = testset)
testset.error <- testset$mpg - predict.m5.test
# 测试集误差
RMSE.m5.test <- sqrt(mean(testset.error^2))
summary(abs(testset.error))
##    Min. 1st Qu.  Median    Mean 3rd Qu.      Max.
## 0.05653 1.46879 1.86554 2.29866 2.38811  6.10188
```

基于m5的训练集RMSE为2.257，测试集RMSE为2.794。

上面这种训练-测试拆分方法在行业实践中比较常见，但不是最佳的方法。为了评估预测模型的性能，牺牲了30%的数据。我们将在第8章中学习更好的拆分方法。

6.11 结论

本章演示如何执行线性回归和解释其结果。生成模型后，应尽责地通过模型诊断验证前期的线性回归假设。你需要验证数据是否偏离模型假设太多，因为如果偏差太大，结果可能不可靠。依靠诊断图表意味着在解释图表时会有一些主观性因素。请记住，我们在寻找的是那些明显偏离理想值的情况。在现实世界中，没有什么是理想的。如果图表显示出过于理想的样子，它可能并不真实。

我们还展示了如何结合线性回归的标准进行训练-测试拆分。

我们是否必须始终将数据拆分为训练集和测试集？我的许多学生或初学者在作业中都这样做，这表明他们对训练和测试的概念缺乏理解。

正确的答案是，取决于目的。

如果你正在考虑是否部署和使用模型估计值来预测结果，则训练-测试的方法是必要的。否则，如何公平地估计模型预测性能？但是，如果你只需要确定哪些变量对结果的影响很重要，则不需要使用训练-测试方法。

概念练习

1. 线性回归方程和线性回归模型的区别是什么？

2. 线性回归方程表示在特定的 X 值下对 Y 的估计或预测，这种说法是否正确？请给出解释。

3. Y 必须是连续数据才能使用线性回归，这种说法是否正确？请给出解释。

4. X 必须是连续数据才能使用线性回归，这种说法是否正确？请给出解释。

5. 如果分类变量 X 被编码为数字1、2、3等，回归的结果可能没有意义。请通过提供一个简单的示例来解释。

6. 相关性为0.98表示两个变量之间一定有一个直线趋势，这种说法是否正确？请给出解释。

7. 相关性为0.0000000001表示两个变量之间没有趋势，这种说法是否正确？请给出解释。

8．R方始终存在于任何软件、任何线性回归的输出结果中，但相关性却没有。为什么？我们不能从一个派生出另一个吗？

9．解释在线性回归中使用虚拟变量的概念和重要性。

10．较高的VIF在线性回归中是否代表了较差的表现？

计算练习

1．在第3章的PUMS2017数据中，以INCOME为Y、EARNINGS为X进行线性回归。模型表现如何？模型诊断中是否发现任何问题？训练组和测试组的结果有何不同？

2．在第3章的PUMS2017数据中，以INCOME为Y、EARNINGS为X_1、AGE为X_2进行线性回归。模型表现如何？模型诊断中是否发现任何问题？添加X_2有用吗？ VIF是多少？训练组和测试组的结果有何不同？

3．在第3章的PUMS2017数据中，以INCOME为Y、EARNINGS为X_1、AGE为X_2、STATE为X_3进行线性回归。模型表现如何？模型诊断中是否发现任何问题？添加X_3有用吗？ VIF是多少？训练组和测试组的结果有何不同？

4．在第3题中，找到一种方法来更改X_2中的参考基线类别，并验证即使模型系数不同，预测的结论是否仍然相同。

5．研究并找出计算VIF的数学公式。使用Excel计算第2题中的VIF，并使用R进行验证。（注意：免费的数据分析插件toolpak可使Excel执行多个变量线性回归。）

第7章

逻辑回归：最佳实践

7.1 本章目标

第6章讨论了线性回归。这是一种流行的模型，但有一个主要缺点：如果结果变量 Y 是分类数据，就不能使用线性回归。也就是说，如果 Y 代表薪水、身高、体重等，线性回归是一个可选项。但是如果 Y 是通过或失败的状态，或 A～E 的评级，那么线性回归就不是一个可选项了。分类 Y 的一个通用基准模型是逻辑回归。

正如相关性之于简单线性回归、R 方之于多元线性回归那样，胜算比也是伴随逻辑回归而流行和常见的统计数据。

7.2 相对风险和胜算比

如果一个连续变量 Y 与一个连续变量 X 有很高的相关性，那么可能存在一种统计关系，可以用来基于 X 估计 Y。但如果 Y 是分类数据呢？如何衡量 Y 是否更可能或更不可能因另一个 X 而被分为另一个分类值？有两种方式可以做到：相对风险和胜算比。

事件 A 的风险（risk）与事件 A 的概率（probability）是同义词，因此，事件 A 的相对风险（relative risk）可以定义为两个概率的比率。它是用因子 X 存在的概率除以基线因子 BL 存在的概率：

$$RR_X(A) = \frac{P_X(A)}{P_{BL}(A)}$$

如果相对风险为1，则对于因子X和BL来说，事件A发生的概率是相同的。

相反，事件A发生的优势（odds）是用A发生的可能性（chance）除以A不发生的可能性，对于相同的因子X，有：

$$O_X(A) = \frac{P_X(A)}{1 - P_X(A)}$$

如果我们对分析因子X的影响不感兴趣，它在定义中就经常会被忽略，在使用中也经常不被考虑。

然而，就像相对风险一样，有时我们感兴趣的是分析因子X和因子BL对事件A的影响。例如，性别对糖尿病发生的影响。这时，我们就可以计算胜算比（odds ratio）：

$$OR_X(A) = \frac{O_X(A)}{O_{BL}(A)} = \frac{\dfrac{P_X(A)}{1 - P_X(A)}}{\dfrac{P_{BL}(A)}{1 - P_{BL}(A)}}$$

例7.1：在一个城镇里，有100名男性居民和140名女性居民。男性糖尿病患者20例，女性糖尿病患者56例。那么：

(a)全体居民患糖尿病的概率和优势是多少？

(b)男性居民患糖尿病的概率和优势是多少？

(c)女性居民患糖尿病的概率和优势是多少？

(d)与基线性别男性相比，女性患糖尿病的相对风险和胜算比如何？

(a)对于全体居民：

$$P(\text{糖尿病}) = \frac{76}{240} \approx 0.317$$

$$O(\text{糖尿病}) = \frac{0.317}{1 - 0.317} \approx 0.464$$

也就是说 $O\left(\text{未患糖尿病}\right)=\dfrac{1}{0.464}\approx 2.2$。

在这个城镇中，发现一个糖尿病患者的概率大约是31.7%，发现非糖尿病患者的概率是发现糖尿病患者的2.2倍。

(b) 对于男性：

$$P_{\mathrm{M}}\left(\text{糖尿病}\right)=\dfrac{20}{100}=0.2$$

$$O_{\mathrm{M}}\left(\text{糖尿病}\right)=\dfrac{0.2}{1-0.2}=\dfrac{1}{4}$$

也就是说 $O_{\mathrm{M}}\left(\text{未患糖尿病}\right)=4$。

镇上的男性中发现糖尿病患者的概率是20%，发现未患糖尿病男性的概率是发现男性糖尿病患者的4倍。

(c) 对于女性：

$$P_{\mathrm{F}}\left(\text{糖尿病}\right)=\dfrac{56}{140}=0.4$$

$$O_{\mathrm{F}}\left(\text{未患糖尿病}\right)=\dfrac{1-0.4}{1-\left(1-0.4\right)}=\dfrac{0.6}{0.4}=1.5$$

镇上的女性中发现糖尿病患者的概率是40%，发现未患糖尿病女性的概率是发现女性糖尿病患者的1.5倍。

因此，概率和优势只是用不同的术语来表达相同的情况。

如果某个事件的优势是 $\dfrac{1}{4}$，比如 (b) 中的情况，则意味着如果有5种情况，那么平均会有1种（分子）情况命中了事件，而其他4种（分母）情况没有命中事件，使得事件发生的概率为 $\dfrac{1}{5}=0.2$。

(d) 对于女性，相比男性，其患有糖尿病的相对风险是：

$$RR_F\left(糖尿病\right) = \frac{P_F\left(糖尿病\right)}{P_M\left(糖尿病\right)} = \frac{0.4}{0.2} = 2$$

也就是说，女性患糖尿病的风险是男性的2倍。

$$OR_F\left(糖尿病\right) = \frac{O_F\left(糖尿病\right)}{O_M\left(糖尿病\right)} = \frac{\dfrac{4}{6}}{\dfrac{1}{4}} \approx 2.7$$

即女性患糖尿病的优势约是男性的2.7倍。

在例7.1中，相对风险为2的结果与胜算比2.7的结果差别不大。因此，许多研究人员更喜欢计算和发表相对风险，因为它在计算上更简单。然而，在某些情况下，胜算比更受青睐。以下两个示例（例7.2和例7.3）说明了这一点。

例7.2：下面的程序输出结果显示了风险因子 X 与糖尿病事件的分布情况。这些数据是从一个大城市随机抽取的样本。如果存在风险因子 X，糖尿病的相对风险和胜算比是多少？

```
##             Diabetes  No.Diabetes
## X present      75         600
## X absent       15         300
```

首先，注意到 $P\left(糖尿病\right) = \dfrac{90}{990} \approx 0.09$，患有糖尿病的概率比较低。

如果存在风险因子 X，与没有 X（No X）相比，患糖尿病的相对风险是：

$$RR_X\left(糖尿病\right) = \frac{P_X\left(糖尿病\right)}{P_{No X}\left(糖尿病\right)} = \frac{\dfrac{75}{75+600}}{\dfrac{15}{15+300}} \approx 2.33$$

胜算比为：

$$OR_X\left(\text{糖尿病}\right)=\frac{O_X\left(\text{糖尿病}\right)}{O_{\text{No}X}\left(\text{糖尿病}\right)}=\frac{\dfrac{75}{600}}{\dfrac{15}{300}}=2.5$$

因此，当事件不常见时（本例中为 $P(\text{事件})\approx0.09$），相对风险非常接近胜算比。事件越罕见，两者就越近。我们选择哪种计算方法并不重要。

例7.3：下面的程序输出结果显示了风险因子 X 与糖尿病事件的分布情况。该数据是一项病例对照研究（case-control study），其中90名糖尿病患者与90名对照组患者匹配。如果存在风险因子 X，发生糖尿病的相对风险和胜算比是多少？

##	Diabetes	No.Diabetes
## X present	75	60
## X absent	15	30

首先注意到，研究表明，$P(\text{糖尿病})=\dfrac{90}{90+90}=0.5$。

如果存在风险因子 X，与没有 X（NoX）相比，患糖尿病的相对风险是：

$$RR_X\left(\text{糖尿病}\right)=\frac{P_X\left(\text{糖尿病}\right)}{P_{\text{No}X}\left(\text{糖尿病}\right)}=\frac{\dfrac{75}{75+60}}{\dfrac{15}{15+30}}\approx1.7$$

胜算比为：

$$OR_X\left(\text{糖尿病}\right)=\frac{O_X\left(\text{糖尿病}\right)}{O_{\text{No}X}\left(\text{糖尿病}\right)}=\frac{\dfrac{75}{60}}{\dfrac{15}{30}}=2.5$$

因此，当事件在数据中较常见时（在本例中，$P(\text{事件})=0.5$），相对风险与胜算比相差较多。

这个例子中，使用相对风险淡化了人群的患病风险。使用胜算比能更准确地反映人群的患病风险。如果你想证明某一因素并不重要，只需进行病例对照研究并报告相对风险。

在逻辑回归中，胜算比是模型的自然副产品，通常用于识别和量化风险因子。

7.3 单一连续输入变量的二元逻辑回归

我们从最简单的逻辑回归开始讨论。假设输出变量 Y 是二元的，并且只有一个输入变量 X。"二元"表示 Y 只有两种可能的分类值。我们可以用 0 和 1 表示这两个可能值，也可以使用其他任何表示方式，只要限定只有两个值就可以。透过二元输出变量 Y 和单一输入变量 X，可以让我们在进入复杂的多元输出变量 Y 和多个输入变量 X 之前，能轻松了解逻辑回归的大致思路。我们总得先要学会走，然后才能跑起来、飞起来。

故事从线性回归中 Y 取值为分类数据的异常开始。回顾一下，线性回归的公式是：$\hat{Y} = b_0 + b_1X_1 + b_2X_2 + \cdots + b_kX_k$，其中，等号左侧表示估算或预测结果的输出变量 Y，等号右侧为输入的 k 个自变量 $X_1, X_2, \cdots, X_k$。因为右侧的 X 可以是有助于估计 Y 的任意类型变量（既可以是连续变量，也可以是分类变量），所以 X 的取值在合理范围内是不受限制的。同样，作为结果的 Y 同样在合理范围内不受限制。

如果需要估计的 Y 确实是一个连续变量，那么当然不会出问题。但如果 Y 是个分类变量，例如"通过、未通过""A、B、C""很开心、开心、一般、不开心、非常不开心"等，会发生什么？

我们希望等式右侧包含任何对预测 Y 在"通过、未通过""A、B、C"这类分类数据中取何值有帮助的变量。但是如果等式右侧的变量不受限制，根据上面的公式，运算并求和后的结果也将不受限制。这就无法直接将不受限制的 X 与受限制的 Y（限制 Y 只能在几个分类值当中取值）联系起来了。因此，这个公式在Y为分类数据时将出现问题。此时我们就无法将等式两侧看作是相等的了。

但是，基于上述公式，利用X表达出来的其他信息来估算和预计分类变量Y这个想法仍是一个好的想法。比如：

- 为了预测你能否在一门课程中至少获得"合格"的成绩，可分析你学习所花的时间、你的过往成绩、你的课堂出勤数等；
- 为了预测航班是否会迟到，可分析飞机是否按时离开机场、天气是否恶劣、目的地机场是否繁忙等；
- 为了预测股价上涨、下跌或持平，可分析收益报告、经济情况。

所以，我们所期望的，还是能将分类变量Y与一系列可能有用的、不受限制的X联系起来。数学上可表示为：$\hat{Y} = f(X_1, X_2, \cdots, X_k)$。在线性回归中，当Y为连续数据时，$f$可以是一个线性函数。在分类Y的逻辑回归中，我们需要找到另一个合适的函数。

由于Y可以是任一种分类数据（例如"通过、未通过""A、B、C""1、2、3、4、5"等），直接去找能有效估算所有Y的分类值的函数f可能太过困难。我们可以采取一个稍微简单点的中间步骤：为$X_1, X_2, \cdots, X_k$找一个能估算$Y=1$（此处Y为二元变量，只能取0或1）的概率的函数g，即：

$$g(X_1, X_2, \cdots, X_k) = P(Y=1)$$

$P(Y=1)$在$0 \sim 1$中可能取无穷多种可能的值，这样的话，估计起来就比直接估算$Y=0$或$Y=1$简单多了。同样，将任意变量X映射到$0 \sim 1$中的任意值也比使其仅仅取0或1简单多了。现在，我们需要找一个合适的函数g，来完成对X的这种转换。

事实上，有一个现成的函数可以完成这个转换——logistic函数。它的定义如下：

$$g(X) = \frac{1}{1 - e^{-X}}$$

X可以是任意值，logistic 函数 $g(X)$ 的返回值总是位于 0 和 1 之间，因此我们将 $g(X)$ 理解为概率（可能性）。图 7.1 展示了 $g(X)$ 的取值范围和形状。

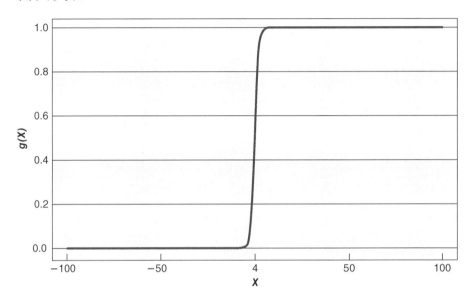

图 7.1 logistic 函数的图像

$g(X) = \frac{1}{1 - e^{-X}}$ 的函数图像是一条 Y 值在 $0 \sim 1$ 中的 S 曲线，而 X 可以是任意值。注意当 X 增长到某一特定的"爆炸点"时，函数值将会剧增。因此，logistic 函数非常流行地被用作阈值函数：当 X 达到爆炸点时，$g(X)$ 的变化非常剧烈。

在神经网络和深度学习模型中，通常用于处理并传递信号到下一个"神经元"的激活函数就是 logistic 函数，正是在利用这个 logistic 函数的阈值特性。

到这里，你可能会问：一个预测模型会有很多的自变量 X，就像线性回归中那样，如有 $X_1, X_2, \cdots, X_k$，为什么这里的 $g(X)$ 可以

只取一个 X_k？答案很简单，也是一个标准的数学"技巧"：假设 $Z=b_0+b_1X_1+b_2X_2+\cdots+b_kX_k$，然后令 $g(Z)=\dfrac{1}{1-e^{-Z}}$，那么 logistic 函数 $g(Z)$ 就允许使用任意数量的 X 了。

我们最终是想要一个模型实现根据 X 来预测 Y 等于 0 还是 1。那么，由于现在有了 $g(Z)$，我们就可定义 $P(Y=1)=g(Z)$，并限定一个阈值，例如若 $P(Y=1)>0.5$ 就预测 $Y=1$，否则预测 $Y=0$。

让我们用维基百科上面的一个简单的小例子说明这些概念。

7.3.1　示例：基于学习时长预测考试结果

我们将基于数据集 passexam.csv（来源：维基百科）演示如何实现逻辑回归。数据集有 20 行、2 列，行代表学生，列代表学习时长：

```
library(data.table)
setwd('<PATH>/ADA1/7_Logistic_Reg')
passexam.dt <- fread("passexam.csv")
passexam.dt$Outcome<-factor(passexam.dt$Outcome,levels = c(0,1),
labels = c("F","P"))
summary(passexam.dt)


##      Hours         Outcome
## Min.    : 0.500  F: 10
## 1st Qu. : 1.688  P: 10
## Median  : 2.625
## Mean    : 2.788
## 3rd Qu. : 4.062
## Max.    : 5.500
plot(x=passexam.dt$Hours, y=passexam.dt$Outcome,
    xlab="Hours Studying", ylab = "Pass/Fail Exam",
    main = "Figure 7.2: Pass (2) or Fail (1) Exam")
```

生成的散点图如图 7.2 所示。

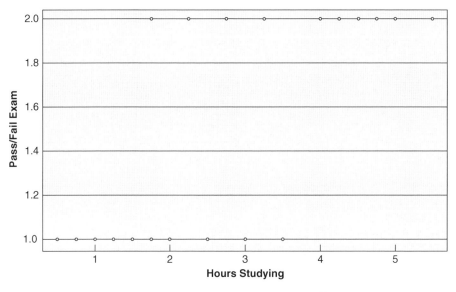

图7.2　考试通过（2）或失败（1）[①]

随着学习时长的增加，通过考试的可能性也将提高。观察图7.2中考试通过和失败的散点重叠出现的学习时长区间——那些学习2至3小时的学生，有些考试通过了，有些考试没有通过。此类重叠点（即无法分离的点）的存在是逻辑回归的关键。

接下来，我们建立一个逻辑回归模型，基于学习时长来预测考试结果：

```
# 二元值Y=1的逻辑回归
m1 <- glm(Outcome ~ Hours , family = binomial, data = passexam.dt)
summary(m1)

##
## Call:
## glm(formula = Outcome ~ Hours, family = binomial, data = passexam.dt)
##
```

① 即2代表考试通过（pass，数据集中以P表示），1代表考试失败（fail，数据集中以F表示）。——编者注

```
## Deviance Residuals:
##      Min        1Q     Median        3Q        Max
## -1. 70557  -0.57357  -0.04654   0.45470    1.82008
##
## Coefficients:
##                Estimate Std. Error z value Pr(>|z|)
## (Intercept)     -4.0777     1.7610  -2.316   0.0206 *
## Hours            1.5046     0.6287   2.393   0.0167 *
## ---
## Signif. codes: 0 '***' 0.001 '***' 0.01 '*' 0.05 '.' 0.1 ''1
## (Dispersion parameter for binomial family taken to be 1)
##
##          Null deviance: 27.726 on 19 degress of freedom
## Residual deviance: 16.060 on 18 degress of freedom
## AIC: 20.06
##
## Number of Fisher Scoring iterations: 5
```

这个模型是：

$$Z = -4.0777 + 1.5046(\mathtt{Hours})$$

$$P(考试通过) = \frac{1}{1 + \mathrm{e}^{-z}}$$

在这个模型中，学习时长具有统计学上的显著性，因为它的 P 值为 0.0167，小于 5%。默认情况下，我们使用 5% 作为类型 1 错误的边界值，除非另有说明。

将上述数据应用到 logistic 函数的 S 曲线，即有

$$P(考试通过) = \frac{1}{1 + \mathrm{e}^{-[-4.0777 + 1.5046(\mathtt{Hours})]}}$$

绘制它的图像（如图 7.3 所示）：

```
#输出所有数据在logistic函数下返回的概率
prob <- predict(m1,type = 'response')
#查看S曲线
plot(x = passexam.dt$Hours, y = prob, type = "1",
     xlab = "Hours Studying", ylab = "Probability",
     main = 'Figure 7.3: Logistic Regression Probability of
Passing Exam')
```

系数 1.5046 的含义是什么？如果是在线性回归中，则含义很简单。

在逻辑回归中，它的意思是胜算比，这个在本章开头已经讨论过了。

使用逻辑函数，通过考试的优势可简化为：

$$O(考试通过) = \frac{P(考试通过)}{1-P(考试通过)} = \frac{1}{1+e^{-Z}} \div \frac{e^{-Z}}{1+e^{-Z}} = e^{Z}$$

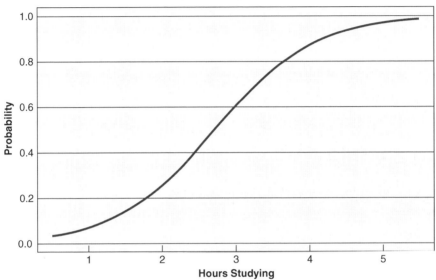

图7.3　通过考试概率的逻辑回归

这就是为什么许多教材和网站说在逻辑回归中的线性公式 $Z=b_0+b_1X_1+b_2X_2+\cdots+b_kX_k$ 是对数优势（log odds）。当我们在等式两边同时取自然对数，右边的指数函数将被消除。回想一下，对数函数和指数函数互为反函数，因此它们可以互相推算。

为了在逻辑回归（而不是整个线性等式）中研究某个单一系数的影响，我们还需要再深一步：如果连续变量 X 增加1单位会发生什么？对时长系数为1.5046的胜算比的解释，将作为概念练习在本章末尾给出。关于这个例子的软件计算过程如下：

```
# 各个系数的胜算比
OR <- exp(coef(m1))
OR
```

```
## (Intercept)      Hours
## 0.0.1694617 4.50255687
```

```
## 胜算比置信区间
OR.CI <- exp(confint(m1))
OR.CI
```

```
##                      2.5%         97.5%
## (Intercept)  0.0001868263    0.2812875
## Hours        1.6978380343   23.2228735
```

Hours 的胜算比约为4.5，这表示学习时长每增加1小时，就增加4.5单位的考试通过的可能性。

本次胜算比的置信区间范围约为1.7 ~ 23.2。其中不包含1，该胜算比具有统计学意义。

7.3.2　逻辑回归的混淆矩阵

到目前为止，我们用逻辑函数得到了通过考试的概率，并用指数的系数来量化每个变量 X 影响的胜算比。最终，我们需要使用这个模型来预测一个具体案例是否会通过考试。这可以通过设置阈值并将概率与阈值进行比较来轻松实现。常用的阈值为0.5，另一个选择是采用 $Y=1$ 的占比。但我们可以自由地选择其他的阈值。在假阳性和假阴性之间的权衡中，可以看到不同阈值的影响。

```
# 根据可能性设置预测Y=1的阈值
# 一种方案是使用Y中1的占比
threshold1 <- sum(passexam.dt$Outcome == "P") / length(passexam.
dt$Outcome)

# 如果可能性>阈值，预测Y=1，否则，预测Y=0
Y.hat <- ifelse(prob > threshold1,"P","F")

# 创建一个混淆矩阵，其中行代表真实结果数据，列代表预测模型的预测结果
table(passexam.dt$Outcome, Y.hat)
```

```
##      Y.hat
##       F P
##    F  8 2
##    P  2 8
```

 # 在同一错分代价下的总体准确性
```
mean(Y.hat == passexam.dt$Outcome)
## [1] 0.8
```

混淆矩阵采用表格形式呈现。其中，行表示真实结果数据，列表示预测模型的预测结果。本次使用的混淆矩阵有2例假阳性（右上方）、2例假阴性（左下方）、8例真阳性（右下方）和8例真阴性（左上方）。

许多报告只展示总体错分率(2+2)/(8+2+2+8)=0.2，但这不能详细覆盖所有情况，特别是在假阳性的结果与假阴性的结果非常不同的情况下。我们更喜欢看到混淆矩阵对不同类型的模型预测进行细分。

上面的混淆矩阵来自训练集。你如果需要真正做一次预测模型性能估算，就需要看到测试集的混淆矩阵。

软件将从偏差和赤池信息量准则（Akaike Information Criterion，AIC）角度给出模型性能的报告。错误越少，AIC分数也就越低。这个对于纯数学分析是没有问题的，而且也有其他的数学方法，比如贝叶斯信息准则。然而对于实际应用，我们对混淆矩阵更感兴趣，它能从模型最终目的（即预测 Y）的角度，直接地告诉我们模型中存在的错误。

X 的 "连续" 特性在胜算比中已经做了强调。我们认为学习时长是一个连续变量 X。如果 X 是分类变量，再考虑让 X "增加1单位" 就没有意义了。例如，当 X 表示彩虹中的颜色时，你认为给 X "增加1单位" 是什么意思呢？

对于分类变量 X，我们将使用在第6章讨论的虚拟变量。因此，我们会考虑将分类变量 X 与其参考基线进行比较的效果。对分类变量 X 胜算比的解释，也将作为概念练习在本章末尾给出。

7.4 多输入变量的二元逻辑回归

现在让我们考虑更现实的、具有多个输入变量 X 的情况，其中 X 的数据类型既包括连续数据也包括分类数据。

新的考虑因素是 X 中的分类数据及其对 Y 的优势的影响。在标准的统计流程，分类变量 X 将被虚拟化，并且它的影响将总是与分类参考基线进行比较。默认情况下，大多数软件将选择按字母顺序排列的首个分类值作为参考基线。但是如果需要，你可以更改参考基线。

如果分类变量 X 可以取 A、B、C、D，那么将创建 3 个虚拟变量：X==B、X==C、X==D，默认参考基线为 X==A。

多因子预测贷款违约

数据集 default.csv 中包含了 10000 行、4 列的数据，4 列内容分别如下。

- Default：是否存在贷款支付违约情况，取值为 Yes 或 No。
- Gender：性别，取值为 F（女性）或 M（男性）。
- AvgBal：过去 6 个月平均信用卡未付余额。0 表示所有信用卡账单都按时全额付清。
- Income：净收入。

```
setwd('<PATH>/ADA1/7_Logistic_Reg')
library(data.table)
default.dt <- fread("default.csv", stringsAsFactors = T)
summary(default.dt)
## Default Gender     AvgBal            Income
## No :9667 F:2944 Min.   : 0.0   Min.   : 772
## Yes: 333 M:7056 1st Qu.: 482.0 1st Qu.:21341
##                 Median : 824.0 Median :34553
##                 Mean   : 835.4 Mean   :33517
##                 3rd Qu.:1166.2 3rd Qu.:43808
##                 Max.   :2654.0 Max.   :73554
```

根据摘要，我们看到10000个人中有333人违约（即违约率为3.33%）。其中，女性占比2944/10000=29.44%。6个月平均信用卡未付余额在0美元至2654美元之间，中位数为824美元。净收入在772美元至73554美元之间，中位数为34553美元。

本次学习目的是建立基于3个因子的逻辑回归模型来预测违约的可能性。Gender是分类数据，而AvgBal和Income是连续数据。Default是有2个分类值的分类数据。要查看分类值和参考基线，请使用levels()函数：

```
levels(default.dt$Default)
## [1] "No" "Yes"
levels(default.dt$Gender)
## [1] "F" "M"
```

Default的分类值是No和Yes，而Gender的分类值是F和M。对于每个类别变量，参考基线就是软件输出中显示的第一个分类值。

若要将性别的参考基线由F改为M，请使用relevel()函数，并使用新的级别设置覆盖性别变量：

```
default.dt$Gender <- relevel(default.dt$Gender, ref = "M")
levels(default.dt$Gender)
## [1] "M" "F"
```

现在，M先出现，因此它已成为Gender的参考基线。

我们希望对可能部署的模型的预测精度有一个公平的度量，所以可以对数据进行训练-测试分离。我们将在训练集上对模型进行训练，得到优化的参数模型，然后在测试集上测试，得到模型预测精度的无偏差估计：

```
library(caTools)
set.seed(2014)
train <- sample.split(Y = default.dt$Default, SplitRatio = 0.7)
trainset <- subset(default.dt, train == T)
testset <- subset(default.dt, train == F)
```

```
# 验证在训练集和测试集中Y的比例大致相同
prop.table(table(trainset$Default))
##
##         No        Yes
## 0.96671429 0.03328571
prop.table(table(testset$Default))
##
##         No        Yes
## 0.96666667 0.03333333
```

训练集和测试集中包含几乎相同数量的 `default="Y"` 用例。在随机抽样之前，已经在 Y 上随机选择进行了分层。

带有 `family=binomial` 的 `glm()` 函数将为二元变量 Y 拟合一个 logistic 函数。"." 符号是使用除变量 Y 外的所有列作为输入变量的快捷符号。该模型只使用训练集数据，以拟合和优化模型参数：

```
m2 <- glm(Default ~ . , family = binomial, data = trainset)
summary(m2)

##
## Call:
## glm(formula = Default ~ ., family = binomial, data =trainset)
##
## Deviance Residuals:
##     Min       1Q   Median       3Q      Max
## -2.1647  -0.1414  -0.0557  -0.0200   3.7007
##
## Coefficients:
##               Estimate Std. Error z value Pr(>|z|)
## (Intercept) -1.103e+01  6.000e-01 -18.388   <2e-16 ***
## GenderF     -5.572e-01  2.786e-01  -2.000   0.0455 *
## AvgBal       5.777e-03  2.802e-04  20.615   <2e-16 ***
## Income       4.654e-06  9.774e-06   0.476   0.6340
## ---
## Signif. codes: 0 '***' 0.001 '**' 0.01 '*' 0.05 '.' 0.1 ' ' 1
##
## (Dispersion parameter for binomial family taken to be 1)
##
##     Null deviance: 2043.8 on 6999 degrees of freedom
## Residual deviance: 1108.6 on 6996 degrees of freedom
## AIC: 1116.6
```

```
##
## Number of Fisher Scoring iterations: 8
```

从结果来看，Gender和AvgBal在模型中具有统计学意义，但Income不具有统计学意义。因此，除非有相反的专家意见，否则我们将遵循模型的统计意见，在去除不显著的Income变量后，基于训练集重新拟合模型：

```
m3 <- glm(Default ~ . -Income, family = binomial, data = trainset)
summary(m3)
##
## Call:
## glm(formula = Default ~ . - Income, family = binomial, data = trainset)
##
## Deviance Residuals:
##     Min       1Q   Median       3Q      Max
## -2.1841  -0.1410  -0.0554  -0.0199   3.6900
##
## Coefficients:
##                Estimate Std. Error z value Pr(>|z|)
## (Intercept) -1.084e+01  4.479e-01 -24.210  < 2e-16 ***
## GenderF     -6.606e-01  1.735e-01  -3.806 0.000141 ***
## AvgBal       5.776e-03  2.801e-04  20.626  < 2e-16 ***
## ---
## Signif. codes: 0 '***' 0.001 '**' 0.01 '*' 0.05 '.' 0.1 ' ' 1
##
## (Dispersion parameter for binomial family taken to be 1)
##
##     Null deviance: 2043.8 on 6999 degrees of freedom
## Residual deviance: 1108.8 on 6997 degrees of freedom
## AIC: 1114.8
##
## Number of Fisher Scoring iterations: 8
```

使用"-"从所有输入变量中减去Income后，逻辑回归的模型为：

$$Z=-10.8-0.66(\text{Gender}==\text{F})+0.0058(\text{AvgBal})$$

与参考基线的值（M）相比，最终的逻辑回归模型表明女性（系数为负值）有较低的违约风险、AvgBal（系数为正值）的增加将增加违约风险。更具体地说，我们可以计算他们的胜算比和置信区间：

```
OR.m3 <- exp(coef(m3))
OR.m3

##  (Intercept)       GenderF        AvgBal
## 1.951025e-05 5.165542e-01 1.005793e+00

OR.CI.m3 <- exp(confint(m3))
OR.CI.m3
##                         2.5 %        97.5 %
## (Intercept) 7.819165e-06 4.534699e-05
## GenderF      3.657962e-01 7.227697e-01
## AvgBal       1.005260e+00 1.006365e+00
```

Gender 为 F 的胜算比约是 0.517，因此，与男性相比，女性贷款违约的优势大约减少了一半。

AvgBal 的胜算比约为 1.0058，因此，AvgBal 每增加 1 单位，违约的优势将增加为原来的约 1.0058 倍。

最后，我们可以将阈值设置为 0.5，比较训练集与测试集的混淆矩阵：

```
threshold <- 0.5
# 训练集上的混淆矩阵
prob.train <- predict(m3, type = 'response')
predict.train <- ifelse(prob.train > threshold, "Yes", "No")
table.train <- table(trainset$Default, predict.train)
table.train

##      predict.train
##        No  Yes
## No  6738   29
## Yes  164   69

round(prop.table(table.train),3)

##      predict.train
##          No   Yes
## No    0.963 0.004
## Yes   0.023 0.010
# 整体精度
cat("Trainset Overall Accuracy Rate: ",
```

```
      round(mean(predict.train ==trainset$Default),3), "\n")
## Trainset Overall Accuracy Rate: 0.972
# 训练集上的混淆矩阵
prob.test <- predict(m3, newdata = testset, type = 'response')
predict.test <- ifelse(prob.test > threshold, "Yes", "No")
table.test <- table(testset$Default, predict.test)
table.test
## predict.test
## No Yes
## No 2890 10
## Yes 64 36

round(prop.table(table.test),3)

##      predict.test
##           No    Yes
## No    0.963 0.003
## Yes   0.021 0.012

# 整体精度
cat("Testset Overall Accuracy Rate:  ",
      round(mean(predict.test == testset$Default),3),"\n")
## Testset Overall Accuracy Rate: 0.975
```

测试集的结果显示有0.3%的假阳性和2.1%的假阴性。

7.5 多元逻辑回归

到目前为止，我们只考虑了拥有两个分类值的Y。这是最简单的情况，允许我们只用一个logistic函数来学习基本概念。但是，如果Y有两个以上的分类值，例如可以取A、B、C、D等，那么我们需要的就不仅仅是一个logistic函数。

对于拥有两个分类值的Y，我们只需要明确地考虑$P(Y=1)$，因为唯一的另一种情况$P(Y=0)$可以通过计算$P(Y=0) = 1-P(Y=1)$很容易地得到。

现在详细说明Y取3个分类值的情况。在了解了3个分类值的Y的情况后，将其扩展到更多分类值的Y的情况就明显而直接了。两个分类值的情形不足以解释更多元的Y，因为如果Y只有两个取值，就会有许多细节被简化和隐藏。

为了便于讨论，让我们再次从逻辑回归的函数开始，但是这次使用更广义的符号来适应具有任意数量的取值（两个或以上）的多元 Y。

为了便于扩展，在线性方程中为 Z 添加一个下标来表示它所指向的 Y 的分类。对于二元分类变量 Y，可以省略下标 Z，因为我们只需要一个逻辑函数 $P(Y=1)$。对于多元变量 Y，需要确定哪个 Z 属于哪个分类 Y。

7.5.1　多分类值 Y 的逻辑函数

对于编码为 0 和 1 的二元分类变量 Y，给 Z 加上下标：

$$Y=1:\ Z_1 = b_{1,0} + b_{1,1}X_1 + b_{1,2}X_2 + \cdots + b_{1,k}X_k$$

$$P(Y=1) = \frac{1}{1 - e^{-Z_1}} = \frac{e^{Z_1}}{1 + e^{Z_1}}$$

没有必要明确地考虑 $P(Y=0)$ 的情况，因为它可以从 $1-P(Y=1)$ 确定。$Y=0$ 是分类变量 Y 的参考基线分类值。

在不失一般性的前提下，考虑具有 3 个分类值（编码为 0、1、2）的变量 Y：

$$Y=1:\ Z_1 = b_{1,0} + b_{1,1}X_1 + b_{1,2}X_2 + \cdots + b_{1,k}X_k$$

$$Y=2:\ Z_2 = b_{2,0} + b_{2,1}X_1 + b_{2,2}X_2 + \cdots + b_{2,k}X_k$$

$$P(Y=1) = \frac{e^{Z_1}}{1 + e^{Z_1} + e^{Z_2}}$$

$$P(Y=2) = \frac{e^{Z_2}}{1 + e^{Z_1} + e^{Z_2}}$$

$$P(Y=0) = 1 - P(Y=1) - P(Y=2)$$

注意 Y、Z 和概率表达式中的规律：Y 的值出现在 Z 的下标中，表示 Z 与特定 Y 值的直接联系，即每个 Y 值都有自己的 Z 值——除了参考基线 $Y=0$，因为它不需要 Z 值。

每个 Z 值是用它自己的一组模型系数 $b_{*,i}$ 来计算的。此前，Y 只有两个分类值，你只会在模型中观察到一组系数，因为只需要一个 Z 函数。现在，分类变量 Y 有 3 个分类值，你会在模型中看到两组系数，因为会有两个不同的 Z 函数，以此类推。

为了计算 logistic 函数中某一特定 Y 值的概率，其对应的 Z 值出现在分子中，分母则考虑了所有 Z 值。

因此，如果 Y 的分类值为 j，则：

$$Y = j：Z_j = b_{j,0} + b_{j,1}X_1 + b_{j,2}X_2 + \cdots + b_{j,k}X_k$$

注意，这里讨论的 Y 的值（如 0、1、2、j 等）只是为了方便而使用的标签。Y 可以是任意分类值。

就优势而言，如果 Y 只能取 0 和 1，并在 Z 中使用下标，则表示为：

$$O(Y = 1) = \frac{P(Y = 1)}{1 - P(Y = 1)} = \frac{P(Y = 1)}{P(Y = 0)} = e^{Z_1}$$

分母揭示了 Y 的参考基线。在 Y 只取两个分类值的时候，这个事实会被隐藏。

如果 Y 有 3 个取值——0、1、2，则有

$$O(Y = 1) = \frac{P(Y = 1)}{P(Y = 0)} = e^{Z_1}$$

$$O(Y = 2) = \frac{P(Y = 2)}{P(Y = 0)} = e^{Z_2}$$

根据定义，优势是一个表示"相对概率"的概念。在逻辑回归的情况下，分母总是以 Y 的参考基线为单位。

让我们以一个包含 3 个分类值的数据集为例，来看看这些概念。

 ## 7.5.2 示例：影响服务评级的因素

rating.csv 数据集由 178 个客户的服务评级和 3 个度量值组成。具

体如下。

- Cust[①]：行标识符，每行表示一个客户评级。
- Rating：服务评级，取值为Bad、Neutral、Good。
- WTQ：排队等待时间，以分钟为单位。
- WTP：处理等待时间，也称服务时间，以分钟为单位。
- Location：地点，取值为A、B、C。

让我们导入数据，并将Rating的基准参考值更改为Neutral，而不是默认的Bad（字母顺序的首位）。随后的逻辑回归模型会将Good和Neutral、Bad和Neutral进行比较。

```
library(data.table)
setwd('<PATH>/ADA1/7_Logistic_Reg')
rating.dt <- fread("rating.csv", stringsAsFactors=T)
rating.dt$Rating <- relevel(rating.dt$Rating, ref = "Neutral")
levels(rating.dt$Rating)

## [1] "Neutral" "Bad" "Good"

summary(rating.dt)
##      Cust            Rating       WTQ              WTP        Location
## Min.   : 1.00   Neutral:50   Min.   : 0.000   Min   .:0.000   A:64
## 1st Qu.: 45.25  Bad    :68   1st Qu.: 4.225   1st Qu.:1.400   B:53
## Median : 89.50  Good   :60   Median : 9.200   Median :2.100   C:61
## Mean   : 89.50               Mean   : 9.689   Mean   :2.085
## 3rd Qu.:133.75               3rd Qu.: 14.775  3rd Qu.:2.800
## Max.   :178.00               Max.   : 25.200  Max.   :5.000
```

该分析的目的是识别和量化哪些关键因素会影响服务评级。由于我们还没有开发模型来预测服务评级，所以不需为了测试-训练分离而牺牲数据，而是简单地使用所有数据作为训练集来确定每个变量X的影响。

来自R包nnet的multinom()函数提供了拟合多元分类变量Y的逻辑回归模型：

---

① Cust不属于3个度量值，此处按原文一并列出。——编者注

```
library(nnet)
Rating.m1 <- multinom(Rating ~ . -Cust, data = rating.dt)
## # weights: 18 (10 variable)
## initial value 195.552987
## iter 10 value 125.792824
## final value 123.862307
## converged

summary(Rating.m1)

## Call:
## multinom(formula = Rating ~ . - Cust, data = rating.dt)
##
## Coefficients:
##       (Intercept)         WTQ        WTP LocationB    LocationC
## Bad     -3.911087   0.3353235  0.0714015 0.1522743  -0.03359073
## Good     1.195214  -0.2388393  0.1420355 0.1017307   0.39957803
##
## Std. Errors:
##       (Intercept)         WTQ        WTP LocationB LocationC
## Bad     0.9031107  0.06112252  0.2287039 0.5611857 0.5701487
## Good    0.6438784  0.05364305  0.2053201 0.5366026 0.5208776
##
## Residual Deviance: 247.7246
## AIC: 267.7246
```

从输出来看，Y 的两个参考基线的回归方程分别为：

$$Y=\text{Bad}：Z_B=-3.911+0.335(\text{WTQ})+0.071(\text{WTP})+$$

$$0.152(\text{Location==B})-0.034(\text{Location==C})$$

和

$$Y=\text{Good}：Z_G=1.195-0.239(\text{WTQ})+0.142(\text{WTP})+$$

$$0.102(\text{Location==B})+0.4(\text{Location==C})$$

不幸的是，multinom() 函数不能计算 P 值来评估变量 X 的统计显著性。我们要么寻找另一个可以计算 P 值的包，要么使用 Wald Z 测试公式计算 P 值：

```
#multinom函数不包括回归系数的P值计算
#使用Wald Z测试计算P值
```

```
z <- summary(Rating.m1)$coefficients/summary(Rating.m1)$standard.errors
pvalue <- (1 - pnorm(abs(z), 0, 1))*2 # 双尾检验P值
pvalue

##      (Intercept)  WTQ          WTP       LocationB LocationC
## Bad  1.486471e-05 4.109339e-08 0.7548881 0.7861266 0.9530192
## Good 6.341463e-02 8.492339e-06 0.4890781 0.8496359 0.4430074
```

从输出来看，只有WTQ在Bad和Good评级上都具有统计学意义，其P值小于5%。

统计显著性也可以从胜算比的置信区间得到证实。如果X变量没有统计显著性，则置信区间将包括1。

```
OR <- exp(coef(Rating.m1))
OR
##      (Intercept)  WTQ        WTP       LocationB LocationC
## Bad  0.02001873   1.3983926  1.074012  1.164480  0.9669672
## Good 3.30426543   0.7875415  1.152618  1.107085  1.4911953

OR.CI <- exp(confint(Rating.m1))
OR.CI
## , , Bad
##
##                  2.5 %       97.5 %
## (Intercept) 0.00340963  0.1175346
## WTQ         1.24051365  1.5763647
## WTP         0.68601901  1.6814440
## LocationB   0.38765887  3.4979535
## LocationC   0.31630077  2.9561279
##
## , , Good
##
##                  2.5 %       97.5 %
## (Intercept) 0.9354157   11.6719979
## WTQ         0.7089447   0.8748518
## WTP         0.7707552   1.7236695
## LocationB   0.3867445   3.1691152
## LocationC   0.5372330   4.1391041
```

胜算比置信区间结果证实只有WTQ具有统计显著性，无论是针对Good还是针对Bad评级。WTP和Location不显著，因为它们的胜算比接近1。

除非有相反的专家意见，否则我们将遵循统计意见排除所有不重要的变量，并重新运行逻辑回归。

```
Rating.m2 <- multinom(Rating ~ WTQ, data = rating.dt)

## # weights: 9 (4 variable)
## initial value 195.552987
## iter 10 value 124.530286
## final value 124.525995
## converged

summary(Rating.m2)

## Call:
## multinom(formula = Rating ~ WTQ, data = rating.dt)
##
## Coefficients:
##       (Intercept)         WTQ
## Bad     -3.730275   0.3354517
## Good     1.675657  -0.2427254
##
## Std. Errors:
##       (Intercept)         WTQ
## Bad     0.7605860  0.06116371
## Good    0.3931501  0.05348945
##
## Residual Deviance: 249.052
## AIC: 257.052

exp(coef(Rating.m2)) #OR

##       (Intercept)         WTQ
## Bad    0.02398624   1.3985719
## Good   5.34230338   0.7844869

exp(confint(Rating.m2)) # OR CI

## , , Bad
##
##                    2.5 %     97.5 %
## (Intercept) 0.005401945   0.106506
## WTQ         1.240572531   1.576694
##
## , , Good
##
```

```
##                      2.5 %      97.5 %
## (Intercept) 2.4721716 11.5445890
## WTQ         0.7064077  0.8711963
```

从输出来看，线性方程为：

$$Y = \text{Bad} : Z_B = -3.73 + 0.335(\text{WTQ})$$

$$Y = \text{Good} : Z_G = 1.676 - 0.243(\text{WTQ})$$

WTQ的增加将导致Bad评级的可能性增加（Z_B斜率为正），而Good评级的可能性将减少（Z_G斜率为负）。

更具体地说，从胜算比来看，$OR_{\text{WTQ}}(Y=\text{Bad})=1.4$意味着WTQ每增加1单位会导致Bad评级的优势增加至原来的1.4倍，其他都不变；$OR_{\text{WTQ}}(Y=\text{Good})=0.78$意味着WTQ每增加1单位会导致获得Good评级的优势减少至原来的0.78倍。（回想一下，WTQ是多个连续变量X中的一个。）

7.6 结论

逻辑回归模型提供了一种从其他变量X中预测分类变量Y的方法，即计算Y取特定分类值时的概率，而不是直接预测Y的分类值。概率是基于logistic函数计算出来的，并且由于logistic函数可作为阈值函数，其在神经网络和深度学习模型中也很流行。

从二元到多元的扩展是通过将Y假设为定类变量、将其取特定分类值并与作为参考基线的分类值进行比较而实现的。因此，如果Y有m种取值，就会有一个参考基线和$(m-1)$次比较过程，也会有$(m-1)$个不同的线性方程。

如果Y是定序变量而不是定类变量会怎样？分析这个问题的标准方法是使用顺序逻辑回归，但这需要满足比例优势假设，这在许多应用中很难证明。因此，我们没有讨论这种方法。你如果没有或不能做出比例优势假设，但有一个定序的Y变量，仍然可以使用本章中的多项式方法，或者使用第8章中的分类回归树，因为这样不要求对定序变量进行比例优势假设。

概念练习

1. 如下是一个混淆矩阵输出，其中列为预测值，行为实际值：

```
##            Predict_0        Predict_1
## Actual_0       20               50
## Actual_1       30               60
```

回答下列问题：

(a) 真阳性、真阴性、假阳性、假阴性案例数分别为多少？

(b) 灵敏度（真阳性/实际阳性）是多少？

(c) 第一类错误（假阳性/实际阴性）是多少？

(d) 特异度（真阴性/实际阴性）是多少？

(e) 第二类错误（假阴性/实际阳性）是多少？

(f) 精确度（真阳性/预测阳性）是多少？

(g) 患病率（实际阳性/总案例数）是多少？

(h) 准确性（(真阳性+真阴性)/总案例数）是多少？

(i) 错分率（(假阳性+假阴性)/总案例数）是多少？

2. 根据7.4节default.csv的逻辑回归结果，以下借款人违约的概率分别是多少？

(a) 借款人是平均余额为0、收入为10000的男性。

(b) 借款人是平均余额为0、收入为10000的女性。

(c) 借款人是平均存款为1000、收入为2000的男性。

(d) 借款人是平均存款为1000、收入为2000的女性。

3. 在7.3.1小节的例子中，从logistic函数推出 Hours 的系数 1.5046在胜算比中的含义。提示：比较增加1单位的连续变量 X 对优势的影响。

4. 在7.5.2小节的例子中，从logistic函数推出 Location ==B 的系数 0.152在胜算比中的含义。提示：在以下结果中将 Location==B 的效果与参考基线进行比较。

$$Y=\text{Bad}：Z_B=-3.911+0.335(\text{WTQ})+0.071\,(\text{WTP})+$$
$$0.152(\text{Location}==\text{B})-0.034(\text{Location}==\text{C})$$

5. 如果 $Z=1.9+7(X_1)-2(X_2)+4(X_3==\text{B})-3(X_3==\text{C})$，其中 X_1 和 X_2 为连续数据，X_3 是取值为A、B、C的分类数据，Z 是取值为1和2的分类数据：

(a)Z 的概率是多少？用 X 表示。

(b)Z 的优势是多少？用 X 表示。

(c)Z 中 X 的4个模型系数各有什么意义？

(d)哪个 X 对 Z 的影响最大？请给出解释。

6. 如果变量 X 的胜算比置信区间中包含了1，则认为 X 不具有统计学显著性。请给出解释。

7. 阅读Freitas等人的论文 "Factors influencing hospital high length of stay outliers" [1] 并回答以下问题。

(a) 逻辑回归中的变量 Y 是什么？

(b) 本文使用了多少个逻辑回归模型？

(c) 什么是调整逻辑回归？

(d) 在最终的逻辑回归中是否存在变量选择？

(e) 本文的研究人员如何识别高危因素？

(f) 从逻辑回归的结果中还可以得到哪些（本文未提到的）有用的见解？

---

① FREITAS A, SILVA-COSTA T, LOPES F, et al. Factors influencing hospital high length of stay outliers[J]. BMC Health Services Research, 2012, 12:265.

计算练习

1. 在7.5.2小节中第二个模型Rating.m2中，以标准方式解释胜算比。每增加1单位（此处为1分钟）的WTQ会导致什么？修改分析方法，分析WTQ每增加5分钟会对预测结果有什么影响。

2. 编写并运行脚本来构建一个逻辑回归模型，根据passexam2.csv中的学习时长来估计通过考试的概率，并解释运行的结果。

3. 分析default.csv的逻辑回归结果。有人建议用AvgBal和Income的比值来代替单独使用AvgBal和Income。请执行这个过程，并根据逻辑回归的结果判定这是否是更好的模型。

4. infert.csv数据集（来源：基础R）是一项关于导致不孕的相关因素的病例对照研究的结果。请初步建立逻辑回归模型，根据年龄、胎次、人工流产、自然流产等因素来预测不孕的情况。回答以下问题。

   (a) 请指出哪些因素具有统计学显著性。

   (b) 请写出不孕的概率函数。

   (c) 对于具有统计学显著性的因素，请解释每个因素对应系数的含义。

   (d) 确定以下人群的不孕风险：

       i.   无人工流产史；

       ii. 年龄为40岁，无人工流产史，且无生育或自然流产史；

       iii. 有一次人工流产史；

       iv. 年龄为40岁，有一次人工流产史，且无生育或自然流产史；

       v.   有两次或两次以上人工流产史；

vi. 年龄为40岁，有两次或两次以上人工流产史，且无生育或自然流产史；

vii. 无自然流产史；

viii. 年龄为40岁，无自然流产史，且无生育或人工流产史；

ix. 有一次自然流产史；

x. 年龄为40岁，有一次自然流产史，且无生育或人工流产史；

xi. 有两次或两次以上自然流产史；

xii. 年龄为40岁，有两次或两次以上自然流产史，且无生育或人工流产史。

(e) 从数据和逻辑回归结果来看，哪一类人群的不孕风险最高？

第8章

分类回归树

8.1 本章目标

第6章和第7章描述了许多实际应用和研究中的基本模型。这些模型在许多学校都已经教授。线性回归只能用于连续变量Y，而逻辑回归只能用于分类变量Y。

对此，我们现在意识到，模型使用的这种分歧是人为造成的。为什么不能使用相同的模型呢？这样就无须考虑Y的数据类型，就像我们已经可以在线性回归或逻辑回归中同时处理连续变量X或分类变量X一样。

实际上，已经有了更现代化的模型，例如分类回归树、神经网络、MARS等，在使用这些模型时我们无须考虑Y的数据类型。利用这些模型，我们可以创建变量Y不受到特定数据结构限制的模型。

我们将学习的第一个现代化的方法是分类回归树（Classification And Regression Tree，CART）。它是将统计与机器学习有效结合的模型，也有透明、易理解、易使用和易解释等优点。因此，CART已成为我的许多项目中客户最喜欢的模型，即使它可能不具有最高的预测精度。实际上，在实际应用中，只要模型的预测准确性足够好，透明度总是优先考虑的。

而且，一些具有高预测精度的方法，如随机森林（包含许多CART）和XG Boost等，它们都是CART的扩展。这些模型的结构比CART更为复杂，但都是建立在有关CART的知识上的。因此，如果你希望了解和使用这类先进的方法，CART是关键基础。

想要真正了解CART为何拥有如此透明的设计和易用性，我们需要了解导致CART被发明出来的环境。故事开始于20世纪70年代末一家医院的急诊部。

8.2 预测心脏病发作的模型和要求

当心脏病发作的患者进入急诊室时，医生必须快速评估和决定患者是高风险病例还是低风险病例。

对于高风险患者来说，目前的心脏病发作只是一种预兆，下一次心脏病发作很快就会到来，并且会导致死亡，除非注射一种特殊的血液稀释药物。但这种注射有严重的副作用，并可能导致严重的内出血。因此相较于高风险患者，低风险患者不需要注射这种药物。

辨别心脏病患者是高风险病例还是低风险病例的标准方法是血液检测。具体来说，是检测心肌损伤后释放的一种酶是否存在。但在20世纪的70年代末和80年代初，血液检测结果因需要等待的时间过长而无法及时应用，而心脏病专家也供不应求。

这是医生会面临的两难处境：心脏病患者入院后，没有实验室的测试结果，没有心脏病专家在场。究竟是否要注射药物？时间还在飞速流逝……

医生们带着这个问题和数据样本找到了Leo Breiman教授。为了设置正确的期望，我们可以设想解决方案的要求列表如下。

- 需要快速得到结果，基于患者在入院后24小时内收集到的19个变量（无创体征数据）进行预测。
- 需要简单易用，让医生和护士理解并快速使用。
- 需要完全透明。如果病人病逝，我们需要解释为什么模型提供了这样一个意见，并证明它的合理性。

- 在没有血液检测结果的情况下，模型的预测结果需要比急诊室医生更准确。否则，就没有使用这个模型的理由。

预测分类结果的标准模型是逻辑回归，但是这个模型对面临着急诊室压力下的医生和护士没有吸引力。在患者入院后24小时内，他们需要快速、简单且易于决断的东西，来判定心脏病发作患者是高风险还是低风险病例。医生和护士们既没有时间也没有精力来考虑逻辑函数、理解胜算比的含义。

这个模型事关患者生死，因此必须透明，以使其预测病例为高风险或低风险的原因必须明确，以便对模型的结果进行合理性检验、专家检查，并跟踪人类是否遵循了模型给出的结果。换句话说，如果病人病逝，必须有人解释为什么他们使用模型、模型预测的基础是什么。

最后，在没有血液检测结果的情况下，模型的预测性能必须比现场的医生更准确，否则没有人会信任该模型，也没有人敢于使用它。

 ## 心脏病预后的 CART 模型

为满足急诊医生的期望而发明的模型是CART。它可用于预测分类变量Y或连续变量Y。为便于使用，模型可以以树的结构表示。图8.1显示了包含19个无创体征数据（如温度、血压）的数据样本的CART模型结构，其中包含215个心脏病发作患者记录（37个高风险病例、178个低风险病例）。

如果图8.1看起来不像"一棵树"，请将图片（或头部）旋转180度。

根结点从树的顶部开始，以Y变量显示数据集的分布。数据集有215条记录，其中17%（37例）为高风险、83%（178例）为低风险。

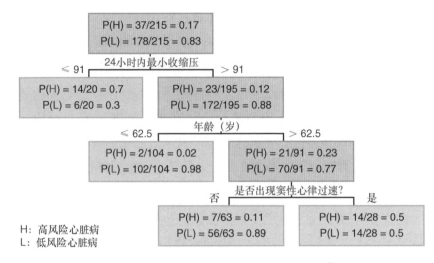

图8.1 心脏病发作预后用的CART模型[1]

图中的4个终端结点（或称叶结点，在图中标为绿色）表示有4个决策规则[2]。

- 如果患者入院前24小时内的最低收缩压低于或等于91 mmHg，则患者预测为高风险病例。（但是，有30%的错分可能。）
- 如果患者入院前24小时内最低收缩压大于91 mmHg，年龄小于或等于62.5岁，则患者预测为低风险病例。（有2%的错分可能。这是此树中纯度最高的结点。）
- 如果患者入院前24小时内最低收缩压大于91 mmHg，年龄大于62.5岁，且不存在窦性心率过速，则预测为低风险病例。（有11%的错分可能。）
- 如果患者入院前24小时内最低收缩压大于91 mmHg，年龄大于62.5岁，且存在窦性心率过速，则模型不具结论性。（有50%的错分可能。这是此树中不纯度最高的终端结点。）

以上结果体现了使用模型的简单性和易用性。我们只需要找出

---

① 图片来源见本章参考资料 [1]。
② 仅用于说明CART模型，不具医疗指导意义。——编者注

案例属于哪个终端结点。每个案例将只属于一个终端结点。例如，如果一名50岁的男性患者入院，其入院前24小时内的最低收缩压为85 mmHg，则他落入第一个终端结点，将被归类为高风险病例。

急救医生和护士可以了解决策规则，并立即使用模型。对第4个终端结点中的非结论性病例进行更严密的监测，并优先考虑其血液检测报告。模型预测的高风险病例将在低风险病例之前优先看到心脏病专家。

使用该模型一段时间后，发现在没有血液检测结果的情况下，其准确性优于急救医生，并与心脏病专家的评估具有相似的准确性。当然，如果能拿到血液检测结果，那检测结果仍是判定的黄金标准。

更仔细地研究图8.1中的CART树图，每个终端结点的预测被视为基于多数原则。某些终端结点中出现了多数案例压倒性领先的情况（纯度更高、更可信），而其他终端结点中的多数案例只略微领先（纯度更低、更不可信）。最糟糕的情况是50-50平局。CART在该结点上没有结果。

你应该会想到几个问题：

- 模型如何知道使用19个变量中的哪一个来拆分？
- 模型如何确定拆分变量中使用的数据值（例如91、62.5）？
- 模型如何知道何时继续、何时停止拆分？
- 对于给定数据集，此树是否是预测 Y 变量的最佳选择？
- 如果在拆分变量过程中缺少数据值，我们如何使用树进行预测？例如，如果年龄缺失怎么办？

我们将在以下各节中解释CART回答上面这些问题的方法。CART将自动解决所有这些问题，包括处理缺失值，无须人工投入或干预。

8.3 阶段1：使用二分法将树增长到最大值

从包含所有给定数据的顶部单个根结点开始，基于一个选定的变量X拆分的每个决策将始终产生两个子结点。如果X是连续数据，那么选择一个数据值就足以进行这种二元拆分，例如，年龄小于等于62.5岁的案例分到左侧子结点，年龄大于62.5岁的案例分到右侧子结点。

如果X是分类定类数据，则拆分将导致两个相互独立且穷举所有情况的子组——例如，男性案例分到左侧子结点，女性案例分到右侧子结点。

如果X是分类定序数据，则子组还必须遵循一定的顺序，例如，$Size \in \{XS,S,M\}$的案例分到左侧子结点，$Size \in \{L,XL\}$的案例分到右侧子结点。

因此，现在的问题是：CART如何知道选择哪些变量X作为拆分变量？如何确定拆分点的数据值？

简短的回答是：若Y为分类数据，则使用基尼指数；若Y为连续数据，则使用误差平方和（Sum of Squared Errors，SSE）。

我们已经在第2章中提到过SSE。最小化SSE是获得最佳线性回归方程的标准。现在，我们将重点解释分类数据的基尼指数。

CART将扫描所有输入变量X及其所有去重值，以确定最佳的X和拆分点。基尼指数用来衡量"最佳"的指数，是度量结点杂质的方法。基尼指数越高，结点越不纯，预测结果更差。理论上，基尼指数的最佳值为零——此时结点100%纯净。结点的杂质驱动着对分类变量Y的最佳拆分变量和拆分点的搜索。

 ## 8.3.1　度量分类变量结点的杂质

为了让CART确定哪个X、哪个拆分点是最好的，我们需要首先定义我们所说的"更好的拆分"是什么意思。我们已经知道，最佳结果是结点中所有Y具有相同的分类值，即纯度为100%；最糟糕的结果是所有分类值都有同等可能性，例如50%失败、50%通过。我们需要评估拆分点，以辨别哪些拆分得好、哪些拆分得差，还需要能够给它们排序。

CART使用结点的纯度（purity）来决定结点的预测质量。

度量任何结点的杂质含量（impurity）遵循4个一般原则。

第一，存在最少杂质含量。例如，对于纯度为100%的结点，其杂质含量为0。当结点中Y的所有分类值都相同时，将发生这种情况。

第二，存在最多杂质含量。例如，对于纯度为0%的结点，其杂质含量为1。当Y的所有分类值在结点中出现的次数相同时，将发生这种情况。

第三，杂质含量函数严格递增。也就是说，结点越不纯，杂质含量值越高。

第四，具有对称性。杂质含量函数关于最坏的情况对称。例如，考虑以下Y取0或1中二元分类情况，则：

- 当分类情况出现 {0%分类0，100%分类1} 或 {100%分类0，0%分类1} 时，将出现杂质含量最低的结点；

- 当分类情况出现 {50%分类0，50%分类1} 时，出现杂质含量最高的结点；

- {40%分类0，60%分类1} 的杂质含量大于 {30%分类0，70%分类1} 的杂质含量；

- {40%分类0，60%分类1} 的杂质含量等于 {60%分类0，40%分类1} 的杂质含量。

考虑对于树中特定结点t的3个度量值：熵$Entropy(t)$、基尼指数$Gini(t)$和错分误差$r(t)$。对于多分类问题，有$Y=\{0,1,\cdots,k\}$，有如下定义：

$$Entropy(t) = -\sum_{Y=0}^{k} P(Y)\log_2 P(Y)$$

$$Gini(t) = 1 - \sum_{Y=0}^{k} [P(Y)]^2$$

$$r(t) = 1 - \max P(Y)$$

注意，我们定义$0 \times \log_2 0 = 0$。

其中，错分误差就是在根据多数原则做决策时出错的可能性。这也是使用任何决策树（不论是不是CART）预测分类变量Y的标准原则。不幸的是，如果Y有两个以上分类值，它就违反了结点杂质含量度量的一般原则3，因此不适合作为通用的杂质含量度量方式（证明方法将作为本章末尾的概念练习）。这意味着，我们虽然可以使用错分误差来评估给定CART模型的性能，但不能先使用错分误差来创建CART模型。

对于具有二元分类值的Y，例如{0,1}，上述定义可以概括为：

$$Entropy(t) = -[P(Y=0)\log_2 P(Y=0) + P(Y=1)\log_2 P(Y=1)]$$

$$Gini(t) = 1 - [P(Y=0)^2 + P(Y=1)^2]$$

$$r(t) = 1 - \max[P(Y=0), P(Y=1)]$$

对于这样的二元分类情况，3种度量杂质含量的方法的函数图像如图8.2所示。

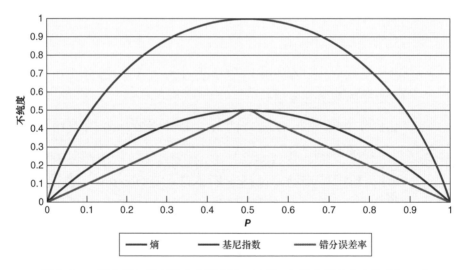

图8.2　二元变量Y的不纯度度量方法。注意：X轴变量P定义为P(Y=1)

从图8.2中可以明显看出，3种度量方法都存在最低和最高杂质含量，都在杂质含量最高处之前严格递增，都是对称的。最高和最低杂质含量的确切数值并不重要，因为它们可以很容易地按比例缩小。例如，将熵除以2就可以将最高杂质含量改为0.5而不是1。

熵的一种变体——交叉熵——通常用于神经网络和深度学习。对于CART，Breiman教授等人（1984年）更喜欢使用基尼指数。

 ## 8.3.2　CART 树的增长过程

熵、基尼指数、错分误差都是对特定结点上杂质含量的度量。对于CART，它们将所有变量 X 和 X 的所有取值中的唯一项作为拆分的候选，然后选择"最佳"的变量 X 和拆分点。那么，"最佳"的含义是什么？

每次拆分将生成两个子结点。先计算每个子结点的基尼指数，再计算使用相对频率的加权平均值，产生最小加权平均基尼指数的拆分选择就是当前步骤的最佳拆分。该过程将继续，直到满足宽松的停止条件。分类变量过程如下：

1. 从根结点上的所有数据开始，计算 Y 的比例；

2. 从一个变量 X 和它的一个唯一值进行一次二进制拆分，计算两个子结点的加权平均基尼指数；

3. 遍历所有变量 X 和其中的所有唯一值，每次都重复步骤2；

4. 执行产生最小加权平均基尼指数的拆分，并获取两个子结点；

5. 对每个了结点重复步骤2到步骤4，直到满足停止条件。

停止条件需要宽松，以便遍历许多次拆分并获取较大的树。

在结点上停止增长的停止规则为：

- 结点的纯度是100%，也就是说，结点中 Y 的所有值都相同；

- 结点中的案例数量太少，无法拆分，例如数量为5；

- 树增长到了规定的最大深度，例如30级（根结点为0级）；
- 结点中的每个变量X都具有相同的Y值。

将树增长到最大值，机器学习的第一个阶段就完成了。这类具有许多次拆分的极大树很可能使数据过拟合。因此，机器学习的第二个阶段需要将树修剪到最小值。

8.4 阶段2：用最弱连接剪枝法将树修剪到最小值

给定一个可能过拟合的极大树，需要定义一个剪枝过程。该过程在每次执行时都会使树减小，直到到达根结点（即所有其他结点都修剪掉）。然后，既不欠拟合也不过拟合的最优树将出现在最大树和最小树之间，然后我们只剩下"确定最优树"这个最终问题。这个问题可以通过k折交叉验证技术轻松解决。

首先，"剪枝"是什么意思？图8.3和图8.4说明了这一点：修剪结点2意味着剪掉结点2的所有子结点，然后结点2就成为树中的终端结点。就像用剪刀把在结点2正下方的"树枝"剪掉一样。

有一个便于识别结点的命名约定：如果某结点标记为n，则其左侧子结点将标记为$2n$、右侧子结点将标记为$2n+1$。例如，结点4的左侧子结点为结点8、右侧子结点为结点9。结点4的父结点是结点2——如果结点是偶数，请除以2来获取父结点；如果结点是奇数，将其减去1，然后除以2来获取父结点。

我们如何知道要先修剪哪个结点，再修剪哪个结点，直止修剪到根结点？答案是：每次剪掉树中最弱连接的关联结点。

最弱连接是由两个缺陷因子——树的错分误差和树的复杂成本——的总和决定的。如果只考虑树错分误差，最终的树可能会太大而过拟合，因为过拟合将最大限度地减少训练集上的错分误差。另一方面，如果只考虑树的复杂度，那么唯一的惩罚就是树的大小，然后最终的树可能会太小。因此，必须找到平衡这两种对立力量的方法。一种方法就是通过总成本复杂公式明确汇总这两个因子，这样，如果一个因子增加，另一个因子就要减少，才有望达到良好的平衡，从而最终形成既不会太大也不会太小的树，也就是正确的树。

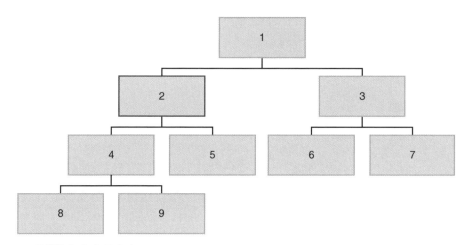

终端结点: 5, 6, 7, 8, 9

图8.3 修剪结点2前的CART树

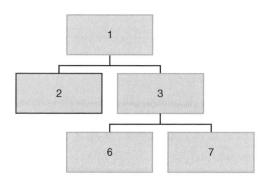

终端结点: 2, 6, 7

图8.4 修剪结点2后的CART树

8.4.1　最弱连接剪枝

决策仅在终端结点做出。定义以下概念：

- $\tilde{T}$ 是树 T 中所有终端结点的集合；
- t 是树 T 中的某个特定结点；
- $r(t)$ 是结点 t 中的错分误差；
- $p(t)$ 是结点 t 中案例的占比。

一个终端结点对整颗树的错分误差贡献为：

$$R(t) = r(t)\, p(t),\ t \in \tilde{T}$$

树的错分误差可以计算所有终端结点的错分误差之和得出：

$$R(T)=\sum_{t \in \tilde{T}} R(t)$$

任何模型的复杂度都同时决定了模型预测误差和复杂度惩罚：更复杂的模型可能会有较小的训练集错误，但可能会过拟合；过于简单的模型可能会有较高的训练集错误，但不太可能过拟合。因此，我们需要对复杂度进行惩罚，以便明确控制它。树的总复杂度成本公式，用于汇总树的错分类误差和树对复杂度的惩罚成本，可以定义为：

$$R_{\alpha}=R(T)+\alpha|T|$$

其中：

- $|T|$ 是树的"复杂度"，例如终端结点的数量；
- α 是对树每单位复杂度的惩罚成本。

因此，$R(T)$ 代表树错分误差系数，而 $\alpha|T|$ 表示树的复杂度系数。树越大、越复杂，复杂度的总惩罚成本越高，因为 $\alpha>0$ 且 $|T| \geqslant 0$。正是这个公式使两个方向相反的力量互相对抗，使得树不会太大或太小。

显然，我们可以看到，控制 α 就会控制树的大小。α 越大，就会产生越小的树，因为复杂度的惩罚成本更高。但是，这是使用这个公式的错误方法。α 不能由人类主观地判断和估计。如果你的问题是我们（人类）如何设置α，那么你问错了问题。

正确的问题是，如何使用数据来告诉我们应选择哪些"预先确定的"α数据来获得最优树。不明显但有用的见解是，给定一组数据，α就是预先确定的（命中注定的）——也就是说，不需要人为地设置α。更具体地说，数据中预先存在着一个递增的α序列，将触发每一次对树的特定剪枝。

要查看这个预先确定的α，我们需要比较结点上的执行与未执行剪枝情况。这样做的一种方法（不是唯一的方法）是使用子树的概念：定义以i作为根结点的子树为T_i。由于任何树的根结点都标记为1，因此树T也可以按这种"子树表示法"表示为T_1。

回顾图8.3，子树T_2是以结点2作为根结点的、共包含5个结点（除结点2外，还有结点4、5、8、9）的树，子树T_5是以结点5作为根结点的、没有其他子结点的单结点树。

由于子树也是树，因此我们可以调整前面的定义：

- $\tilde{T_i}$是子树T_i中的所有终端结点的集合，其中结点i为根结点；
- 子树的错分误差：$R(T_i)=\sum\limits_{t \in \tilde{T}} R(t)$；
- 子树的复杂度（根结点为i的子树的终端结点数量）：$|\tilde{T_i}|$；
- 子树的总复杂度成本：$R_\alpha(T_i)=R(T_i)+\alpha|\tilde{T_i}|$。

假设j为任意一个终端结点。因为子树也可以是一个终端结点，所以终端结点的总复杂度成本也可以使用子树的总复杂度公式进行定义：

$$R_\alpha(j)=R(j)+\alpha|j|= R(j)+\alpha$$

终端结点子树只有一个结点。因此$|j|=1$。

我们如何决定是否修剪图8.3中的结点i？这个问题等同于：是保留以结点i为根结点的子树（不剪枝），还是将根结点为i的子树替换为终端结点i（剪枝）？

如果根结点为i的子树的总复杂度成本大于终端结点i的总复杂度成本，则修剪结点i。否则，就不修剪结点i。也就是说，我们选择总成本最少的选项。

我们可以将上述答案表示为方程，然后简化为代数公式，以揭示从数据中确定α和最弱连接剪枝法的想法。

修剪结点i的条件是：根结点为i的子树的总复杂度成本大于终端结点i的总复杂度成本，即

$$R_\alpha(T_i) > R_\alpha(i)$$
$$R(T_i) + \alpha \, | \, T_i \, | > R(i) + \alpha$$
$$\alpha > \frac{R(i) - R(T_i)}{| \, T_i \, | - 1}$$

给定数据集和CART，对于任何内部结点i、$R(i)$，则有$R(T_i)$、$|T_i|$均为常量，并且可以轻松地计算出来。因此，上述方程右侧的分式的值（也称α阈值、剪枝触发器）也是一个常数。这就是我们所说的预先确定的α。修剪结点i所需的α已知而对于不同的i，这个分式的值可能不同，因此不同的结点可能需要使用不同的α阈值来修剪。根据α阈值的升序顺序对数对(i, α阈值)组成的列表进行排序，得到一个α阈值不断增加的序列，即剪枝序列，从而知道要先修剪哪个结点、再修剪哪个结点等。这就是最弱连接剪枝法。我们从α阈值最小的结点开始，然后沿列表向下一步一步地不断剪枝，直到到达原始根结点1。

每次剪枝会得到一个更小的树，因此最弱连接剪枝会自动生成一系列较小的树，直到我们拥有了可能存在的最小树（即最小树中仅存在根结点1）。

请注意，多个内部结点可能具有相同的α阈值。这意味着当α超过特定的α阈值时，将同时修剪这些结点。

在本章末的计算练习题1和2中提供了一组非常小的数据，用于手动执行最佳的基尼指数拆分以生成树，并使用Microsoft Excel手动计算预定的α阈值以获得剪枝序列。然后，你可以将手动计算的结果

与使用专业分析软件包得出的结果进行比较，例如R软件中的rpart包。该练习将大大增强你对这些CART概念的理解。

 ## 8.4.2　rpart 包中的 α 和 cp

rpart是一个免费的流行开放R包，可以实现CART方法。但rpart总复杂度成本公式[1]基于本章概念练习6中陈述的关键见解，有略微不同的版本。

rpart树总复杂度成本：

$$R_{cp}(T) = R(T) + cp \times R(T_1) \times |T|$$

在rpart公式的总复杂度成本中，与原始公式相比有两个差异。α不是显式的，复杂度参数cp是正实数[2]，|T|表示拆分次数而不是终端结点数。这些只是表达上的差异，是无关紧要的。本章末的概念练习5提到了|T|的两个版本之间的关系，而概念练习7涉及α和cp之间的显式关系。

还有最后一个关于CART的问题：我们如何确定在目前应用程序中使用的最佳CART树？阶段1生成最大树，阶段2生成最小树，在最大值和最小值之间也有一系列树。哪个树表现最佳？

Leo Breiman等人（1984）的解决方案是使用k折交叉验证和1标准误差（1 Standard Error, 1SE）规则来定位最优树。

 ## 8.4.3　k 折交叉验证和1标准误差规则

对于剪枝序列中的每一个树，我们可以计算树的总复杂度成本，其中包括树整体错分误差和树复杂度的惩罚成本——可以使用从训练集中获取的训练集误差，但使用测试集误差会更加公平。但是，测试集也可能有偏见，尤其是当样本的大小相对于输入变量的数量和类型数较小时。

---

① Therneau 和 Atkinson, 2018年。

② cp代表complexity parameter，即复杂度参数。

此外，我们还知道标准训练-测试拆分过程中的折中权衡，如第2章所述，可用于训练更好的预测模型的数据将被牺牲以获得独立的测试集。

是否有方法消除训练集与测试集之间的折中权衡？更具体一点，是否可以使用100%的数据来训练模型、100%的数据（对模型不可见）来测试模型？如果有可能的话，这将是一个完美的场景——数据不再需要以公平衡量性能的名义被牺牲掉。

这是可能实现的，但需要我们用一种创造性的方法来思考训练和测试过程。如果我们多做几次训练和测试，而不只做一次呢？

整个过程如图8.5所示。首先，我们随机打乱数据集中的观测值，拆分其为10个片段。每个观察值只属于其中一个片段。然后，我们反复做10次训练和测试，每次使用9块数据片段来训练模型，而保留模型看不到的剩余部分以测试模型的准确性。

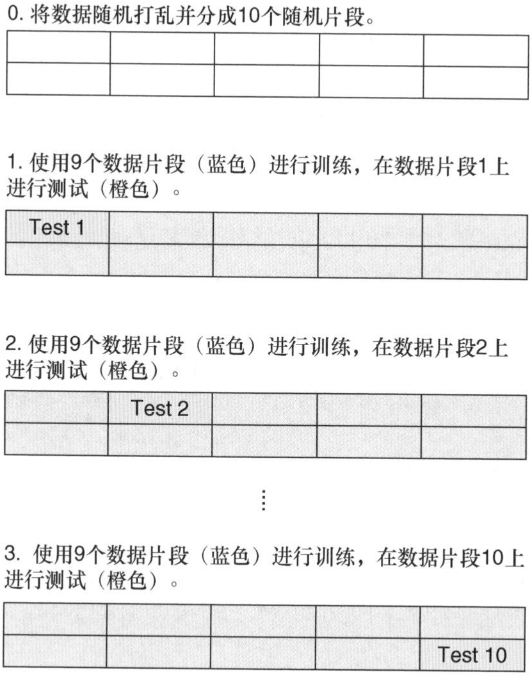

0. 将数据随机打乱并分成10个随机片段。

1. 使用9个数据片段（蓝色）进行训练，在数据片段1上进行测试（橙色）。

Test 1				

2. 使用9个数据片段（蓝色）进行训练，在数据片段2上进行测试（橙色）。

	Test 2			

⋮

3. 使用9个数据片段（蓝色）进行训练，在数据片段10上进行测试（橙色）。

				Test 10

图8.5　10折交叉验证图

最后，我们得到10个不同的测试集误差，并可以轻松计算它们的平均数和标准差。因此，总的来说，10轮过后，模型已经有效地使用过100%的训练数据和100%的测试数据。

这就是k折交叉验证在k=10时的具体实现。Leo Breiman等人（1984年）根据经验对几个k值进行了测试，并得出结论，k=10是一个很好的准则。

在使用rpart包时，会自动应用10折交叉验证。剪枝序列中，每次执行剪枝，模型都会报告平均训练集误差、平均交叉验证误差和1个标准误差（即1SE）。这将使任何人能够看到错误如何随着模型复杂度变化。我将用两个工作示例（分类变量Y和连续变量Y）与8.5节中的数据集一起演示上述内容。

现在，我们已经得到了剪枝序列中每个树（从最大树到只有1个结点的最小树）的交叉验证误差列表。最优树在哪里？一个简便的方法是选择交叉验证误差最小的树。但是，这样的选择对数据的微小变化很敏感，更好、更稳定的解决方案是满足如下条件的最简单的树：该树位于最小交叉验证误差上下1个标准误差的范围内。原因是在1个标准误差中，所有此类树在统计学上都具有相同的误差。因此，我们只需要选择满足上述要求的最简单（终端结点的数量最少）的树。

使用rpart包可以方便地利用图表识别此类最优树。

8.5 示例：CART 模型在定向信用卡营销中的运用（Y 为分类数据）

本节使用的数据集为upgradeCard.csv。

一家银行正在发起新的营销活动，让符合条件的客户升级他们的信用卡。升级将伴随着更多的特权、更多的奖励、更高的费用（但可以免除）。银行同时希望保留更多的客户。

银行从去年的营销活动中提取了一小部分客户数据和他们是否升级信用卡的结果。基于此样本，开发一个可用于更具针对性营销的CART模型。银行希望联系那些很有可能升级其卡的客户，而不是向所有符合条件的持卡人群发邮件。

从upgradeCard.csv中读取数据，显示摘要：

```
library(data.table)
setwd('<PATH>/ADA1/8_CART')
custdata1.dt <- fread("upgradeCard.csv", stringsAsFactors=T)
summary(custdata1.dt)

## Upgrade    Spending      SuppCard
## N:18    Min.   :  50    N:17
## Y:13    1st Qu.: 6358   Y:14
##         Median : 8760
##         Mean   : 8405
##         3rd Qu.:10550
##         Max.   :14804
```

从摘要中可以看出：

- 在去年的营销活动中，有13位客户选择升级了他们的信用卡，18位客户没有；
- 过去12个月使用现有信用卡的最低支出为50美元，最高为14804美元，支出的中位数为8760美元；
- 14位客户至少拥有一张附卡，17位客户没有。

下载并安装两个软件包rpart和rpart.plot。然后通过libary()激活它们：

```
library(rpart)
library(rpart.plot) # 绘制增强树图

set.seed(2004) # 为了10折交叉验证的随机性，选择一个数字
options(digits = 5) # 减少小树的数量

# rpart() 自动创建CART及剪枝序列
```

```
# 重写rpart的两个默认设置：minsplit和cp
m2 <- rpart(Upgrade ~ Spending + SuppCard,
            data = custdata1.dt, method = 'class',
            control = rpart.control(minsplit = 2, cp = 0))
# 绘制最大树和结果
rpart.plot(m2, nn= T,
           main = "Figure 8.6: Maximal Tree in upgradeCard.csv")
```

绘制结果如图8.6所示。

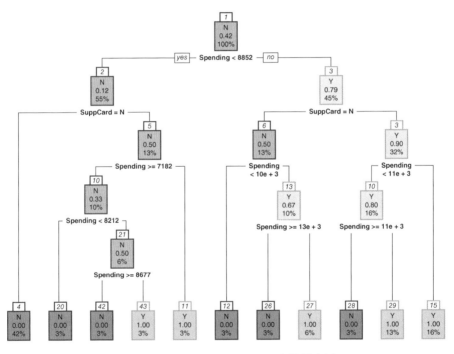

图8.6 upgradeCard.csv中的最大树

绘制的最大树直观地显示结果。从根结点1开始，大多数客户没有升级信用卡（58%）。第一个有最佳基尼指数的拆分发生在支出是否小于8852美元处。左侧的子结点2包含所有符合条件的情况（55%的数据），而不符合条件的情况（45%的数据）转到右边的子结点3。

左子结点2比结点1更纯净，有88%的客户拒绝升级，而右子结点3有79%的客户同意升级。

对于每个选定的拆分标准，rpart的约定是将符合标准的情况向左移动，而将不符合标准的情况向右移动。

继续使用基尼指数进行拆分，直到满足停止条件。结点15是一个100%纯结点的例子，因此即使结点15包含了16%的数据，拆分也会停止。

结点11和结点12是含有单一案例的结点的例子，它们不能进一步拆分。如果可能的话，我们将强制树继续拆分，就像我们刚刚做的那样：minsplit设置为2。minsplit=2表示最小可拆分案例数为2，它的默认值20对于我们的包含31个案例的小样本数据集来说太大了。因此我们必须显式地重写它以使树增长到最大值。

对于分类变量Y，最重要的设置是确保在rpart()函数中使用method='class'。这个设置告诉rpart：变量Y是分类数据。对于连续变量Y，则使用method='anova'。

rpart的创建者为cp设置了一个较低的默认值：0.01，以便树能够长得足够大，以超过最佳尺寸的树。我更喜欢将cp重写为0。这样将保证不执行剪枝，但许多终端结点中都只有单一案例，因此这将是一个非常大的树——由于样本量小，图8.6的树看起来不大。但是如果在典型的数据集上尝试这样做，你可能看不到任何数字或文本，因为树太大，结点太多，除非你使用显微视图查看。

这样一个极大树对于学习来说是合适的，只是为了看看在阶段1结束时CART是什么样子。在一般情况下，我们不会使用这样的极大树，因为它会过拟合，并且不是最优的最终树。

为了能够在更大的数据集中看到最大树的详细结果，您需要通过print()函数将结果输出到控制台：

```
# 在控制台上绘制m2极大树
print(m2)
## n= 31
##
## node), split, n, loss, yval, (yprob)
##       * denotes terminal node
```

```
##
## 1) root 31 13 N (0.58065 0.41935)
##    2) Spending< 8851.5 17 2 N (0.88235 0.11765)
##      4) SuppCard=N 13 0 N (1.00000 0.00000) *
##      5) SuppCard=Y 4 2 N (0.50000 0.50000)
##       10) Spending>=7182 3 1 N (0.66667 0.33333)
##         20) Spending< 8212 1 0 N (1.00000 0.00000) *
##         21) Spending>=8212 2 1 N (0.50000 0.50000)
##           42) Spending>=8676.5 1 0 N (1.00000 0.00000) *
##           43) Spending< 8676.5 1 0 Y (0.00000 1.00000) *
##       11) Spending< 7182 1 0 Y (0.00000 1.00000) *
##    3) Spending>=8851.5 14 3 Y (0.21429 0.78571)
##      6) SuppCard=N 4 2 N (0.50000 0.50000)
##       12) Spending< 10120 1 0 N (1.00000 0.00000) *
##       13) Spending>=10120 3 1 Y (0.33333 0.66667)
##         26) Spending>=12894 1 0 N (1.00000 0.00000) *
##         27) Spending< 12894 2 0 Y (0.00000 1.00000) *
##      7) SuppCard=Y 10 1 Y (0.10000 0.90000)
##       14) Spending< 11496 5 1 Y (0.20000 0.80000)
##         28) Spending>=10534 1 0 N (1.00000 0.00000) *
##         29) Spending< 10534 4 0 Y (0.00000 1.00000) *
##       15) Spending>=11496 5 0 Y (0.00000 1.00000) *
```

控制台的输出结果反映了树的结构。每一行代表一个结点及其来自父结点的条件。

- 结点1：根结点，样本数为31，错分了13个样本，多数情况为N，具体为58% N、42% Y。

- 结点2：条件为Spending<8851.5，样本数为17，错分了2个样本，多数情况为N，具体为88% N、12% Y。（这是结点1的左子结点，它的右兄弟结点3的条件是Spending>=8851.5。）

- 结点4：条件为SuppCard=N，样本数为13，错分了0个样本，多数情况为N，具体为100%N、0% Y。星号 * 表示结点4是终端结点。（这是结点2的左子结点，它的右兄弟结点5的条件是SuppCard=Y。）

错分的情况是该结点内遵循多数原则而造成的错误分类。对于100%纯净的结点（例如结点4），不存在错分的情况。

rpart()函数已经完成了最大树的10折交叉验证并生成了剪

枝序列。要以表格的形式查看剪枝序列和交叉验证误差，可以使用
`printcp()` 函数：

```
#以表格的形式打印剪枝序列和10折交叉验证误差
printcp(m2)

## Classification tree:
## rpart(formula = Upgrade ~ Spending + SuppCard,
##       data = custdata1.dt, method = "class",
##       control = rpart.control(minsplit = 2, cp = 0))
##
## Variables actually used in tree construction:
## [1] Spending SuppCard
##
## Root node error: 13/31 = 0.419
##
## n= 31
##
##         CP nsplit rel error xerror  xstd
## 1 0.6154      0    1.000 1.000 0.211
## 2 0.0513      1    0.385 0.692 0.194
## 3 0.0385      4    0.231 0.769 0.200
## 4 0.0000     10    0.000 0.846 0.205
```

从表中可以看出，根据多数原则，在31例数据样本中，根结点中有13例错分，错分率为41.9%。

剪枝序列需要从 cp 表的底部向上读取。

- 4：在 cp=0时，树的最大拆分数为10，训练集误差为根结点误差的0%，平均交叉验证误差为根结点误差的84.6%，1SE为根结点误差的20.5%。

- 3：在 cp=0.0385时，第一次剪枝被触发，树有4次拆分（即有6次拆分具有相同的 α 阈值）。训练集误差为根结点误差的23.1%，平均交叉验证误差为根结点误差的76.9%，1SE为根结点误差的20%。

- 2：在 cp=0.0513时，第二次剪枝被触发，树有1次拆分（即有3次拆分具有相同的 α 阈值）。训练集误差为根结点误差的38.5%，平均交叉验证误差为根结点误差的69.2%，1SE为根

结点误差的19.4%。

- 1：在 cp=0.6154时，第三次（也是最后一次）剪枝被触发，树有0次拆分（即只有根结点存在）。训练集误差为根结点误差的100%，根据定义，平均交叉验证误差为根结点误差的100%，1SE为根结点误差的21.1%。

为了确定最优树，我们可以计算最小交叉验证误差和1SE的和（即 $0.692 + 0.194 = 0.886$），并找到交叉验证误差在0.886以内的最简单的树。我们也可以通过 plotcp() 函数从图中直观地识别出最优树，如图8.7所示。

#以图表的形式显示剪枝顺序和10折交叉验证错误。
```
plotcp(m2, main = "Figure 8.7: 1SE Rule for Optimal Tree
Selection in upgradeCard.csv")
```

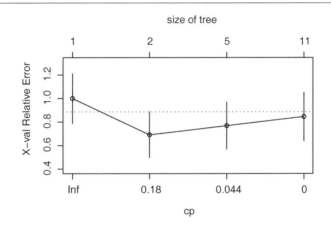

图8.7 在upgradeCard.csv最优树选择中运用1SE规则

图8.7中，最小交叉验证误差与1SE的和被表示为水平虚线。最简单树是从左侧开始的第二个树，其交叉验证误差（位于表示1SE的各条铅垂线中点的圆）在虚线以下，cp 为0.18（标在底部的轴上），有2个终端结点（标在顶端的轴上）。

图8.7中标出的 cp 是当前和下一个 cp 的几何平均数，$\sqrt{0.6154 \times 0.0513} \approx$ 0.18，$\sqrt{0.0513 \times 0.0385} \approx 0.044$。实际上，任何大于当前已剪枝树的 cp，

且小于更高 *cp* 的 *cp* 都足够了，因为直到达到更高的 *cp* 才会触发下一次剪枝。几何平均数只是 rpart 包创建者的选择。

无论使用 *cp* 表手动计算交叉验证误差上限，还是借助图表，你都会得到相同的结论：基于1SE规则，图8.7中左起第二个树（*cp* 为0.18），或者 *cp* 表中上起第二个树（*cp* 为0.0513）是最佳的树。如果树的数量不是很多，通过 *cp* 图很容易找到最佳的树。但是如果图表上有100个点，代表100个剪枝后的树，那么在图中确定最佳的树是不容易的，除非你有显微镜般的视力。而 *cp* 表在这种情况下仍然有用。

为了可视化最优树而不是最大树，需要指定 *cp* 来修剪最大树。你可以检查 *cp* 来确定在最小交叉验证误差上下1个标准误差的范围内最简单的树，也就是在最小交叉验证误差上下1个标准误差的范围内找到最高的 *cp*。但由于舍入误差，这样做是有风险的：你可能无法得到正确的最佳 *cp*。实际上，我们只需要在大于最小交叉验证误差上下1个标准误差的范围内的最大 *cp* 和下一个更高的 *cp* 之间的 *cp*。在这个例子中，无论是从 *cp* 表还是 *cp* 图中，没有拆分的树和有1次拆分的树之间的任何 *cp* 都足以得到只有1次拆分的最优树（即第二个树）。我们可以使用以下方法确定 *cp*：

- 手动检查 *cp* 表，使用略高于0.0513但小于0.6154的 *cp*；
- 使用2个 *cp* 的算术平均数；
- 如果遵循 rpart 包创建者的约定，则使用2个 *cp* 的几何平均数。

到目前为止，如果你仍然不相信总是有一定范围的 α 或 rpart 包中的 *cp* 可以生成相同的 CART，意味着你还没有理解树的剪枝过程。不用担心，我可以用以下示例演示并说服你。首先，我们创建3个不同的 *cp*：

```
cp1 <- 0.0514
cp2 <- mean(c(0.0513, 0.6154))
cp3 <- sqrt(0.0513 * 0.6154)
```

接下来，你可以指定 *cp* 并通过 prune() 函数来对最大树剪枝，然后查看剪枝后的树。使用 cp1 剪枝（结果如图8.8所示）：

```
m3 <- prune(m2, cp = cp1)
```

#绘制使用cp1剪枝的m3树
```
rpart.plot(m3, nn= T, main = "Figure 8.8: Optimal Tree in
upgradeCard.csv with cp = 0.0514")
```

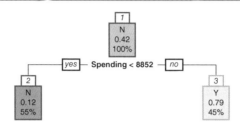

图8.8　*cp*=0.0514时upgradeCard.csv的最优树

使用cp2来对最大树剪枝（结果如图8.9所示）：

```
m4 <- prune(m2, cp = cp2)
# 绘制使用cp2剪枝的m3树
rpart.plot(m4, nn= T,
main = "Figure 8.9: Optimal Tree in upgradeCard.csv with cp =
0.33335")
```

比较图8.8和图8.9可知，如果使用cp2进行修剪，就会得到与cp1相同的树。

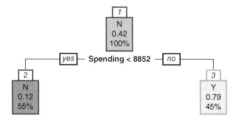

图8.9　*cp*=0.33335时upgradeCard.csv的最优树

用cp3剪枝，得到的树如图8.10所示：

```
m5 <- prune(m2, cp = cp3)
```
#绘制使用cp1剪枝的m3树
```
rpart.plot(m5, nn= T, main = "Figure 8.10: Optimal Tree in
upgradeCard.csv with cp = 0.177...")
```

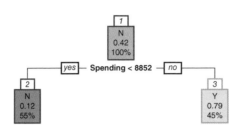

图8.10 *cp*=0.177…时upgradeCard.csv的最优树

使用cp3剪枝的树与使用cp1或cp2剪枝的树是相同的。这个功能是精心设计的。*cp*表中列出的任意两个阈值之间的任何*cp*都会导致修剪出同一个树，因为新的剪枝直到超出下一个阈值时才会执行。

为了方便检查剪枝后的最优树而不是最大树的细节，我们可以打印最优树的*cp*表：

```
printcp(m5)

##
## Classification tree:
## rpart(formula = Upgrade ~ Spending + SuppCard,
##        data = custdata1.dt, method = "class",
##        control = rpart.control(minsplit = 2, cp = 0))
##
## Variables actually used in tree construction:
## [1] Spending
##
## Root node error: 13/31 = 0.419
##
## n= 31
##
##      CP nsplit rel error xerror  xstd
## 1 0.615      0     1.000  1.000 0.211
## 2 0.178      1     0.385  0.769 0.200
```

最优剪枝后CART的详细信息总是显示在*cp*表最后一行。

上述3个*cp*中的任何一个都需要人工检查*cp*表或*cp*图以找到理想取值范围。有一种无须人工操作的自动化方法，但它要求您首先找出R存储*cp*的位置，然后编写R代码，根据1SE规则计算2个重要*cp*的几何平均数。首先，你如果单击RStudio环境面板中m2对象之前的蓝色按钮，可以找到cptable对象。这是R存储我们需要的重要信息的地方。我们可以在R控制台的m2中显式地查看这个对象：

```
m2$cptable
##          CP nsplit rel error  xerror    xstd
## 1 0.615385      0   1.00000  1.00000  0.21134
## 2 0.051282      1   0.38462  0.76923  0.20021
## 3 0.038462      4   0.23077  0.76923  0.20021
## 4 0.000000     10   0.00000  0.84615  0.20492
```

　　自动化最优*cp*搜索所需的基本信息是CP、xerror和xstd。接下来，下面列出了用于自动搜索正确*cp*的R代码，并保存为cp.opt。

```
# 在最大树m2中计算最小交叉验证错误与1SE的和
CVerror.cap <- m2$cptable[which.min(m2$cptable[,"xerror"]), "xerror"] +
m2$cptable[which.min(m2$cptable[,"xerror"]), "xstd"]

# 在最大树m2中寻找交叉验证误差在CVerror.cap下的最优cp区域
i <- 1; j<- 4
while (m2$cptable[i,j] > CVerror.cap) {
  i <- i + 1
}

# 如果最优树有至少一次拆分，则在最优区域内求得2个已识别cp的几何平均数
cp.opt = ifelse(i > 1, sqrt(m2$cptable[i,1] * m2$cptable[i-1,1]), 1)
```

　　检查RStudio环境面板可以发现，由于舍入误差，cp.opt的值与cp3几乎相同（但不完全相同）。不同之处在于cp.opt是自动计算的，不需要你手动查看*cp*表并决定*cp*的理想取值范围。要在你自己的应用程序中复用我的R代码，请记住在运行代码之前，将所有m2替换为你开发和命名的最大树的名称。

　　因此，在upgradeCard.csv中，最优CART模型（基于10折交叉验证和1SE）只有一个决策规则：如果客户的年度支出值小于8852，就预测此人不会升级（只有12%的人会升级）；如果客户的年度支出值超过或等于8852，就预测此人会升级（79%的人会升级）。

这个示例使用了带有两个分类值的Y。如果Y有两个以上的分类值，则多数原则仍然适用于每个结点，因此，每个结点内的错分误差计算方法相同。

8.6节的示例是针对连续变量Y的。其中，对CART模型有两个概念性调整：使用结点中所有Y值的平均值作为结点内所有情况的Y估计值，而不是多数原则；使用SSE（或RSS）作为结点误差。

8.6　示例：CART 模型在汽车燃油效率中的运用（Y 为连续数据）

现在，使用基础R中的mtcars数据集演示连续变量Y上的CART。我们将所有其他变量输入到CART中，以预估连续变量mpg：

```
#从R的基础包中加载一个标准数据集mtcars
#在所有X上使用CART预测每加仑汽油行驶里程
data(mtcars)
library(rpart)
library(rpart.plot)    # 通过PRP()来增强树图
set.seed(2014)
options(digits = 5)

# 默认cp = 0.01. 设置cp = 0以保证无剪枝
cart1 <- rpart(mpg ~ ., data = mtcars, method = "anova",
control = rpart.
control(minsplit = 2, cp = 0))

# 绘制最大树和结果
rpart.plot(cart1, nn= T, main = "Figure 8.11: Maximal Tree in
mtcars")
```

绘制出的最大树如图8.11所示。

这个最大树并不小。所有终端结点都位于图的底部，其颜色深线与预估的平均Y值的细节层次相称。每个结点内的数字表示预估的平均Y值和案例的百分比。更多细节可以通过print()函数在控制台上打印出来：

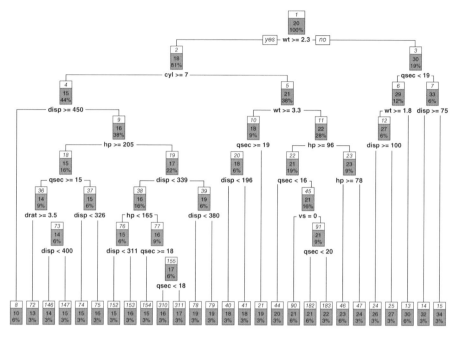

图8.11　mtcars的极大树

```
print(cart1)
## n= 32
##
## node), split, n, deviance, yval
##       * denotes terminal node
##
##   1) root 32 1.1260e+03 20.091
##     2) wt>=2.26 26 3.4657e+02 17.788
##       4) cyl>=7 14 8.5200e+01 15.100
##         8) disp>=450 2 0.0000e+00 10.400 *
##         9) disp< 450 12 3.3657e+01 15.883
##         18) hp>=205 5 3.3880e+00 14.620
##           36) qsec>=15.005 3 1.0400e+00 14.100
##             72) drat>=3.48 1 0.0000e+00 13.300 *
##             73) drat< 3.48 2 8.0000e-02 14.500
##               146) disp< 400 1 0.0000e+00 14.300 *
##               147) disp>=400 1 0.0000e+00 14.700 *
##           37) qsec< 15.005 2 3.2000e-01 15.400
##             74) disp< 326 1 0.0000e+00 15.000 *
##             75) disp>=326 1 0.0000e+00 15.800 *
##         19) hp< 205 7 1.6589e+01 16.786
```

199

```
##           38) disp< 339 5 3.3480e+00 15.920
##            76) hp< 165 2 4.5000e-02 15.350
##             152) disp< 311 1 0.0000e+00 15.200 *
##             153) disp>=311 1 0.0000e+00 15.500 *
##            77) hp>=165 3 2.2200e+00 16.300
##             154) qsec>=17.8 1 0.0000e+00 15.200 *
##             155) qsec< 17.8 2 4.0500e-01 16.850
##               310) qsec< 17.5 1 0.0000e+00 16.400 *
##               311) qsec>=17.5 1 0.0000e+00 17.300 *
##           39) disp>=339 2 1.2500e-01 18.950
##            78) disp< 380 1 0.0000e+00 18.700 *
##            79) disp>=380 1 0.0000e+00 19.200 *
##       5) cyl< 7 12 4.2122e+01 20.925
##        10) wt>=3.3275 3 1.0867e+00 18.367
##         20) qsec>=18.6 2 4.5000e-02 17.950
##          40) disp< 196.3 1 0.0000e+00 17.800 *
##          41) disp>=196.3 1 0.0000e+00 18.100 *
##         21) qsec< 18.6 1 0.0000e+00 19.200 *
##        11) wt< 3.3275 9 1.4856e+01 21.778
##         22) hp>=96 6 2.2600e+00 21.000
##          44) qsec< 15.98 1 0.0000e+00 19.700 *
##          45) qsec>=15.98 5 2.3200e-01 21.260
##            90) vs< 0.5 2 0.0000e+00 21.000 *
##            91) vs>=0.5 3 6.6667e-03 21.433
##             182) qsec< 19.725 2 0.0000e+00 21.400 *
##             183) qsec>=19.725 1 0.0000e+00 21.500 *
##         23) hp< 96 3 1.7067e+00 23.333
##          46) hp>=77.5 2 0.0000e+00 22.800 *
##          47) hp< 77.5 1 0.0000e+00 24.400 *
##     3) wt< 2.26 6 4.4553e+01 30.067
##      6) qsec< 19.185 4 1.4907e+01 28.525
##       12) wt>=1.775 2 8.4500e-01 26.650
##        24) disp>=99.65 1 0.0000e+00 26.000 *
##        25) disp< 99.65 1 0.0000e+00 27.300 *
##       13) wt< 1.775 2 0.0000e+00 30.400 *
##      7) qsec>=19.185 2 1.1250e+00 33.150
##       14) disp>=74.9 1 0.0000e+00 32.400 *
##       15) disp< 74.9 1 0.0000e+00 33.900 *
```

　　打印输出的清单遵循树结构。每一行代表一个结点并带有结点编号、应用于其父结点的拆分标准、结点中的案例数量、该结点的偏差（或结点的 SSE）、结点的平均 Y 值，最后用星号来表示该结点是否为终端结点。

可从 *cp* 表中剪枝序列的交叉验证误差中推断出基于10折交叉验证和1SE的最优树：

```
printcp(cart1)

## Regression tree:
## rpart(formula = mpg ~ ., data = mtcars, method = "anova",
##         control = rpart.control(minsplit = 2, cp = 0))
##
## Variables actually used in tree construction:
## [1] cyl  disp drat hp   qsec vs   wt
##
## Root node error: 1126/32 = 35.2
##
## n= 32
##
##           CP nsplit rel error xerror   xstd
## 1  6.53e-01      0  1.00e+00  1.064 0.2522
## 2  1.95e-01      1  3.47e-01  0.686 0.1609
## 3  4.58e-02      2  1.53e-01  0.476 0.1196
## 4  2.53e-02      3  1.07e-01  0.443 0.1178
## 5  2.32e-02      4  8.15e-02  0.403 0.1153
## 6  1.25e-02      5  5.83e-02  0.386 0.1070
## 7  1.21e-02      6  4.58e-02  0.358 0.1052
## 8  1.16e-02      7  3.36e-02  0.349 0.1058
## 9  9.67e-03      8  2.20e-02  0.344 0.1049
## 10 1.80e-03      9  1.23e-02  0.336 0.1124
## 11 1.80e-03     10  1.05e-02  0.313 0.0999
## 12 1.52e-03     11  8.73e-03  0.300 0.0905
## 13 1.29e-03     12  7.21e-03  0.302 0.0905
## 14 9.99e-04     14  4.64e-03  0.299 0.0891
## 15 9.25e-04     15  3.64e-03  0.297 0.0891
## 16 8.53e-04     16  2.71e-03  0.296 0.0892
## 17 7.50e-04     17  1.86e-03  0.292 0.0891
## 18 3.60e-04     18  1.11e-03  0.296 0.0888
## 19 2.84e-04     19  7.52e-04  0.296 0.0888
## 20 2.00e-04     20  4.68e-04  0.295 0.0889
## 21 1.11e-04     21  2.68e-04  0.291 0.0869
## 22 7.10e-05     22  1.57e-04  0.290 0.0869
## 23 4.00e-05     23  8.58e-05  0.291 0.0869
## 24 5.92e-06     25  5.92e-06  0.292 0.0868
## 25 0.00e+00     26  0.00e+00  0.292 0.0872
```

或者通过 *cp* 图进行可视化，输出结果如图8.12所示：

```
plotcp(cart1, main = "Figure 8.12: Prune Sequence CV Errors in
mtcars")
```

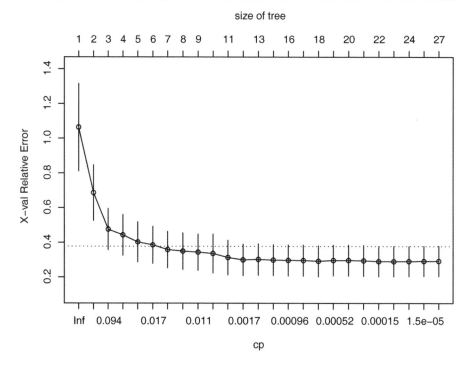

图8.12　mtcars的剪枝序列交叉验证误差

cp 图表明，最优树是左起第 7 个树（即第 7 简单的树）。

在用 cart1 替换 m2 之后，我们可以复用 8.5 节中自动识别和计算最佳 cp 的代码：

```
#在最大树cart1中计算最小交叉验证误差与1SE的和
CVerror.cap <- cart1$cptable[which.
min(cart1$cptable[,"xerror"]), "xerror"] +
cart1$cptable[which.min(cart1$cptable[,"xerror"]), "xstd"]
# 在最大树cart1中找出交叉验证误差刚好低于CVerror.cap的最佳cp取值范围
i <- 1; j<- 4
while (cart1$cptable[i,j] > CVerror.cap) {
i <- i + 1
}
# 如果最优树至少有一次拆分，则求最佳取值范围内两个已识别cp的几何平均数
```

```
cp.opt = ifelse(i > 1, sqrt(cart1$cptable[i,1] *
                cart1$cptable[i-1,1]), 1)
```

检查RStudio环境面板中的结果，有cp.opt≈0.0123且i=7，确认最优树是第7简单的树。

使用cp.opt，可以在特定的*cp*级别执行剪枝，查看最优CART树图（如图8.13所示）：

```
cart2 <- prune(cart1, cp = cp.opt)
rpart.plot(cart2, nn= T,
           main = "Figure 8.13: Optimal Tree in mtcars")
```

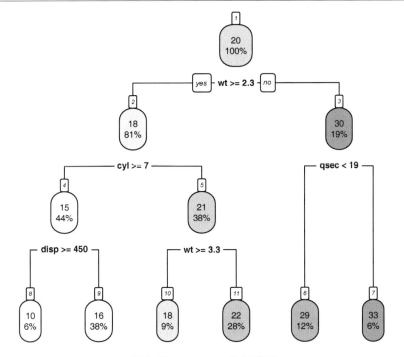

图8.13　mtcars的最优树

最优树图显示了7个决策规则。预测的最高平均mpg为33英里/加仑（结点7），此时有wt<2.3和qsec>19；预测的最低平均mpg为10英里/加仑（结点8），此时wt>2.3、cyl≥7，且disp≥450。

要在列表中查看树信息而不是树图，请在最优树上使用print()

函数：

```
print(cart2)

## n= 32
##
## node), split, n, deviance, yval
##       * denotes terminal node
##
##  1) root 32 1126.0000 20.091
##    2) wt>=2.26 26   346.5700 17.788
##      4) cyl>=7 14    85.2000 15.100
##        8) disp>=450 2    0.0000 10.400 *
##        9) disp< 450 12   33.6570 15.883 *
##      5) cyl< 7 12    42.1220 20.925
##       10) wt>=3.3275 3    1.0867 18.367 *
##       11) wt< 3.3275 9   14.8560 21.778 *
##    3) wt< 2.26 6    44.5530 30.067
##      6) qsec< 19.185 4   14.9070 28.525 *
##      7) qsec>=19.185 2    1.1250 33.150 *
```

　　在终端结点8和13中，只有两个案例，且它们的偏差为0，这意味着结点中的两个案例的mpg值相同。注意，终端结点的偏差要比根结点的偏差小得多，这意味着每个终端结点中分组的汽车在mpg这项上的表现更相似。

　　从剪枝后树的*cp*表的最后一行可以直观地看到最优树交叉验证误差的细节：

```
printcp(cart2)

## Regression tree:
## rpart(formula = mpg ~ ., data = mtcars, method = "anova",
##       control = rpart.control(minsplit = 2, cp = 0))
##
## Variables actually used in tree construction:
## [1] cyl  disp qsec wt
##
## Root node error: 1126/32 = 35.2
##
## n= 32
##
##       CP nsplit rel error xerror  xstd
```

```
## 1 0.6527      0      1.0000  1.064 0.252
## 2 0.1947      1      0.3473  0.686 0.161
## 3 0.0458      2      0.1526  0.476 0.120
## 4 0.0253      3      0.1069  0.443 0.118
## 5 0.0232      4      0.0815  0.403 0.115
## 6 0.0125      5      0.0583  0.386 0.107
## 7 0.0123      6      0.0458  0.358 0.105
```

最优树平均交叉验证误差为 $0.358×35.2≈12.6$，1SE 为 $0.105×35.2≈3.7$。

因此，CART 可以同时用于分类变量 Y 和连续变量 Y，而不像线性回归或逻辑回归只适用于其中一种。

8.7 通过代理项自动处理缺失值

CART 在实践中非常有用且独特的功能之一是自动处理缺失值。在许多其他模型中（如线性回归或逻辑回归），如果数据集中存在缺失值，则必须估计并替换缺失值（并且有许多方法可以估计），或者直接忽略缺失值。但忽略缺失值带来的但结果是模型不会使用包含所有含有至少一个缺失值的行，这会造成数据浪费，因为这些没有被使用的行中的其他列也被忽略了。

在实际中，与很多书中说到的不同，缺失或错误的数据很常见。这是数据清洗通常占用整个分析项目时间的80%的主要原因。如果数据源不可用，那么估计或猜测缺失或错误的数据值需要消耗大量精力。更糟的是，在估计的过程中还涉及人类的主观判断，造成了许多不必要的焦虑和不确定性。这就是数据清洗如此令人不快的原因。

CART 诞生于医疗数据，而医疗数据通常存在缺失值，尤其是在医学检测的结果可用之前。因此，缺失值的估计过程已设计并内置在CART 中并实现自动化。如果使用CART 分析数据，则无须对缺失值执行任何操作。CART 使用代理项的概念自动处理缺失值。

显然，我们这样做的假设是你不知道缺失值的正确值。如果你知道它们，则应该用正确值替换缺失值，而不依赖于任何其他方法。

CART尝试查找类似于当前最佳拆分变量的其他变量X，而不是尝试在每个内部结点上估计缺失值。在rpart中，如果可能的话，默认设置会在每个内部结点上搜索并排列出最佳拆分的前5个备用"代理"变量X。这是为了防止案例在最佳主拆分（如果是分类变量Y，则使用基尼指数；如果是连续变量Y，则使用SSE）中存在缺失值的同时，在其他代理变量中也有缺失值。幸运的是，对于同一案例，其他5个代理变量X中都存在缺失值的情况非常罕见。你可以自由调整rpart的默认设置，通过调整 rpart.control() 内的参数 maxsurrogate 查找更少或更多的代理项。请注意，对于大型数据集，maxsurrogate 越大，计算时间越长。rpart文档提到：大约一半的计算时间（除设置外）是用于搜索代理拆分。

如果很不幸地，有案例在你选择搜索的所有5个、10个或20个代理项中都存在缺失值，那该怎么办？ Leo Breiman教授已经为这种情况做好准备。即使你倒霉地遇到这种情况，也总有"最终的代理项手段"可以保证CART的工作。按多数规则，如果50%或更多的案例转到左子结点，那么我们就只将有问题的病例发送到左子结点。因此，"最终的代理项手段"也称为"服从多数"。

在某些情况下，你无法获取在某个内部结点的前5个代理项。例如，当数据集中的变量X少于6个时，或当优于"最终的代理项手段"的代理项少于5个时。

此时，谁也不应该好奇是否要在"终端结点"上使用代理项。如果你好奇了，请从头开始重读本章。

代理项的排名基于与最佳拆分的相似性。最佳拆分将一些案例发送到左子结点，将其他案例发送到右子结点。如果有一个备选变量X和一个拆分点，可以将相同的案例都相同地发送到左子结点或右子结点，那么与最佳拆分相比，这个备选变量 X 和拆分点一个完美的代理项。可能会有另一个拆分方法导致与最佳拆分有90%的相似性等。

rpart() 函数会自动进行代理项搜索。在之前两个示例中，我们已经做了这件事，尽管你可能并不知道。你可以通过 summary() 函数查看代理项结果。例如，让我们看看之前在 mtcars 数据集上开发的最优树 cart2 中的代理项：

```
summary(cart2)

## Call:
## rpart(formula = mpg ~ ., data = mtcars, method = "anova",
##       control = rpart.control(minsplit = 2, cp = 0))
##   n= 32
##
##           CP nsplit rel error  xerror    xstd
## 1 0.652661      0  1.000000  1.06389 0.25220
## 2 0.194702      1  0.347339  0.68629 0.16087
## 3 0.045774      2  0.152636  0.47604 0.11955
## 4 0.025328      3  0.106863  0.44324 0.11785
## 5 0.023250      4  0.081534  0.40281 0.11533
## 6 0.012488      5  0.058285  0.38559 0.10695
## 7 0.012317      6  0.045796  0.35818 0.10520
##
## Variable importance
##   wt disp   hp drat  cyl qsec   vs
##   26   25   19   11    9    6    4
##
## Node number 1: 32 observations,    complexity param=0.65266
##   mean=20.091, MSE=35.189
##   left son=2 (26 obs) right son=3 (6 obs)
##   Primary splits:
##       wt   < 2.26   to the right, improve=0.65266, (0 missing)
##       cyl  < 5      to the right, improve=0.64313, (0 missing)
##       disp < 163.8  to the right, improve=0.61305, (0 missing)
##       hp   < 118    to the right, improve=0.60107, (0 missing)
##       vs   < 0.5    to the left,  improve=0.44095, (0 missing)
##   Surrogate splits:
##       disp < 101.55 to the right, agree=0.969, adj=0.833, (0 split)
##       hp   < 92     to the right, agree=0.938, adj=0.667, (0 split)
##       drat < 4      to the left,  agree=0.906, adj=0.500, (0 split)
##       cyl  < 5      to the right, agree=0.844, adj=0.167, (0 split)
##
```

```
## Node number 2: 26 observations,    complexity param=0.1947
##   mean=17.788, MSE=13.329
##   left son=4 (14 obs) right son=5 (12 obs)
##   Primary splits:
##       cyl  < 7       to the right, improve=0.63262, (0 missing)
##       disp < 266.9  to the right, improve=0.63262, (0 missing)
##       hp   < 136.5  to the right, improve=0.58036, (0 missing)
##       wt   < 3.325  to the right, improve=0.53934, (0 missing)
##       qsec < 18.15  to the left,  improve=0.42106, (0 missing)
##   Surrogate splits:
##       disp < 266.9  to the right, agree=1.000, adj=1.000, (0 split)
##       hp   < 136.5  to the right, agree=0.962, adj=0.917, (0 split)
##       wt   < 3.49   to the right, agree=0.885, adj=0.750, (0 split)
##       qsec < 18.15  to the left,  agree=0.885, adj=0.750, (0 split)
##       vs   < 0.5    to the left,  agree=0.885, adj=0.750, (0 split)
##
## Node number 3: 6 observations,    complexity param=0.025328
##   mean=30.067, MSE=7.4256
##   left son=6 (4 obs) right son=7 (2 obs)
##   Primary splits:
##       qsec < 19.185 to the left,  improve=0.64015, (0 missing)
##       disp < 78.85  to the right, improve=0.63220, (0 missing)
##       vs   < 0.5    to the left,  improve=0.44543, (0 missing)
##       wt   < 1.885  to the right, improve=0.30301, (0 missing)
##       hp   < 65.5   to the right, improve=0.29225, (0 missing)
##   Surrogate splits:
##       disp < 78.85  to the right, agree=0.833, adj=0.5, (0 split)
##       carb < 1.5    to the right, agree=0.833, adj=0.5, (0 split)
##
## Node number 4: 14 observations,    complexity param=0.045774
##   mean=15.1, MSE=6.0857
##   left son=8 (2 obs) right son=9 (12 obs)
##   Primary splits:
##       disp < 450    to the right, improve=0.60497, (0 missing)
##       wt   < 4.66   to the right, improve=0.47822, (0 missing)
##       hp   < 192.5  to the right, improve=0.46693, (0 missing)
##       carb < 3.5    to the right, improve=0.46693, (0 missing)
##       qsec < 17.71  to the right, improve=0.43067, (0 missing)
##   Surrogate splits:
##       drat < 3.035  to the left,  agree=0.929, adj=0.5, (0 split)
##       wt   < 4.66   to the right, agree=0.929, adj=0.5, (0 split)
##       qsec < 17.71  to the right, agree=0.929, adj=0.5, (0 split)
##
## Node number 5: 12 observations,    complexity param=0.02325
##   mean=20.925, MSE=3.5102
##   left son=10 (3 obs) right son=11 (9 obs)
```

```
##    Primary splits:
##        wt   < 3.3275 to the right, improve=0.62153, (0 missing)
##        cyl  < 5       to the right, improve=0.55736, (0 missing)
##        hp   < 96      to the right, improve=0.55078, (0 missing)
##        disp < 163.8  to the right, improve=0.46151, (0 missing)
##        carb < 3       to the right, improve=0.28574, (0 missing)
##    Surrogate splits:
##        disp < 163.8  to the right, agree=0.917, adj=0.667, (0 split)
##        hp   < 116.5  to the right, agree=0.833, adj=0.333, (0 split)
##
## Node number 6: 4 observations,    complexity param=0.012488
##    mean=28.525, MSE=3.7269
##    left son=12 (2 obs) right son=13 (2 obs)
##    Primary splits:
##        wt   < 1.775  to the right, improve=0.94332, (0 missing)
##        disp < 107.7  to the right, improve=0.57024, (0 missing)
##        qsec < 16.8   to the left,  improve=0.57024, (0 missing)
##        vs   < 0.5    to the left,  improve=0.57024, (0 missing)
##        hp   < 59     to the right, improve=0.31444, (0 missing)
##
## Node number 7: 2 observations
##    mean=33.15, MSE=0.5625
##
## Node number 8: 2 observations
##    mean=10.4, MSE=0
##
## Node number 9: 12 observations
##    mean=15.883, MSE=2.8047
##
## Node number 10: 3 observations
##    mean=18.367, MSE=0.36222
##
## Node number 11: 9 observations
##    mean=21.778, MSE=1.6506
##
## Node number 12: 2 observations
##    mean=26.65, MSE=0.4225
##
## Node number 13: 2 observations
##    mean=30.4, MSE=0
```

　　让我们看看根结点（结点1）中的结果。该结点处共有32个案例截至此结点的剪枝 cp 阈值为0.65266。此时的平均 Y 值为20.091，均方误差（Mean Squared Error，MSE）为35.189。上文中

print(cart2)的输出结果显示，根结点的偏差是1126，计算SSE为35.189×32，二者是一致的。基于最小化加权平均子结点的SSE（因为Y是连续变量），得出结点1的最佳主拆分规则是"wt<2.26的案例到右子结点"，第二名的主拆分规则是"cyl<5的案例到右子结点"，以此类推。

在结点1上应用针对wt的最佳拆分，则有26个案例被发送到左子结点，6个案例被发送到右子结点。如果一个案例的wt变量值缺失，那么有4个代理拆分规则来处理这个情况：最佳的代理拆分规则是"disp<101.55的案例到右子结点"，这种情况下有"agree=0.969, adj=0.833"，即与最佳的原始拆分规则"wt<2.26的案例到右子结点"的相似度为96.9%，比"最终的代理项手段"好83.3%。在结点1，只有4个代理拆分规则比"最终的代理项手段"表现得更佳。

程序输出中括号内的数字显示如果应用了主拆分规则，那么缺失的案例有多少、激活了哪个代理拆分规则。由于我们的数据集没有任何缺失值，括号中的所有数字都是0。

 ## 变量的重要性

summary()函数还显示了变量的重要性信息。为了更简洁地输出最优树中的变量的重要性，执行如下代码：

```
cart2$variable.importance

##     wt   disp     hp   drat    cyl   qsec     vs   carb
## 965.37 914.94 699.65 393.24 341.73 218.73 164.43  14.26
```

与上文summary(cart2)输出的变量重要性（variable importance）一项进行比较可知，虽然数字不同，但两次输出所传达的信息是相同的。summary(cart2)中显示的是将cart2$variable.importance信息的缩放版本——重要性的值被缩放使得总和为100，并且任何占比小于1%的变量都被忽略。

从rpart的帮助文档中可以看到，"变量重要性的总体度量标准是该变量作为主要变量的每个拆分的优度加上该变量作为代理项的所有拆分的优度与调整后的一致性（adjusted agreement）之积后所得到的和。"[①]对于分类变量Y，优度代表基尼指数（默认情况如此，除非你更改默认设置）；对于连续变量Y，优度代表偏差（或结点的SSE）。

也就是说，一个变量X在最主要的拆分列表和最主要的代理拆分列表中被列出的次数越多，并且越显著地减少了子结点中的误差，则它的变量重要性得分就越高。

从上面的结果来看，对于预测mpg，最重要的变量是wt，其次是disp（实际含义为排量）。变量重要性列表显示，carb（实际含义为化油器数量）的重要性排在末尾。

8.8　结论

CART模型非常易于使用。用户可以轻松地解释和使用树的结果。结果以一系列决策规则的形式列出，因此其含义不言自明，并且可以核查。而这种简单性的背后，是最终用户看不到的众多高级概念：用于确定结点纯度的基尼指数、10折交叉验证、基于预先确定的α的自动剪枝、用于选择最优树的1SE规则，以及通过代理项自动进行的缺失值处理。可以用汽车做个比喻：驾驶汽车很容易，但车架中隐藏着众多工程原理和燃烧过程。最终用户不需要知道这些隐藏知识，但是对于创造一辆车的人来说，这些知识必不可少。

你想成为依赖其他人创建的CART模型的最终用户，还是要为自己或他人创建CART模型？

在大学里，我至少看过5次申请加入教师队伍的应聘者展示

---

① 关于"调整后的一致性"（adjusted agreement）的定义，请参考本章参考资料［3］。——编者注

CART。在他们的演示文稿中，都只是使用具有默认*cp*设置的原始树。这意味着他们的所有CART模型都过度拟合了数据，不应投入使用。剪枝至关重要，但请记住，在给定数据时，剪枝序列就已经确定。在不同书和网站中，我看到人们对这一概念的理解也有明显的差距。我希望本章可以让你建立正确的认识，从而让你知道何时开发CART、如何正确开发CART，并了解CART模型中包含的实用概念，如10折交叉验证和自动缺失值处理。

8.9　rpart 包的重要函数和参数总结

语法：

```
rpart(formula, data, weights, subset, na.action = na.rpart,
method, model = FALSE, x = FALSE, y = TRUE, parms, control =
rpart.control(…), cost, …)
```

例子1（变量*Y*为分类数据）：

```
m1 <- rpart(Upgrade ~ Spending + SuppCard, data = custdata1.
dt, method = "class", control = rpart.control(minsplit = 2, cp
5 0))
```

例子2（变量*Y*为连续数据）：

```
m2 <- rpart(mpg ~ ., data = mtcars, method = "anova", control
= rpart.control(minsplit = 2, cp = 0))
```

参数如下。

- method="class"：*Y*为分类数据。
- method="anova"：*Y*为连续数据。
- minsplit=2：rpart.control()中的参数。这是结点尝试进行拆分的最小案例数。它保证生成一个cp=0的极大树。默认值是20。
- cp=0：rpart.control()中的参数。它保证生成一个mins plit=2

的极大树。默认值是0.01。

- `maxsurrogate=5`：`rpart.control()`中的参数。这是每个内部结点的最大代理数。默认值是5。

- `xval=10`：`rpart.control()`中的参数。这是交叉验证的折数。默认值是10。

- `maxdepth=30`：树的最大深度。根结点的深度计为0。默认值是30。

有关所有参数的完整列表，请参阅rpart的帮助文档或在RStudio控制台中执行`?rpart`。

概念练习

1. 证明：如果Y有3个分类值，那么使用结点错分误差$R(T)$违反了衡量结点不纯度的第3个一般原则。

2. CART使用二分法进行拆分，每次拆分产生2个子结点。使用可能导致每次拆分超过2个子结点的拆分是否更好？请给出解释。

3. 在CART中，我们把树增长到最大（可能过拟合），然后执行剪枝。我们为什么不应用更严格的停止标准，在树变得太大之前使它停止增长呢？这样做是否更好？它是否能防止过拟合，从而不必进行剪枝？请给出解释。

4. 给定一个CART，我们可以考虑仅修剪内部（非终端）结点、仅修剪终端结点，或同时修剪内部结点和终端结点吗？请给出解释。

5. CART中的拆分数与终端结点数之间是什么关系？

6. CART中的终端结点数与内部结点数之间是什么关系？

7. 证明：如果将复杂度成本设置为根结点上的错分误差，即令$\alpha=R(T_1)$，那么将没有拆分。也就是说，拥有任何子结点的成本都太高。注意：这意味着保证最小最简单的树（仅根结点）的最大 α 就是 $R(T_1)$。这个研究用于定义 rpart 包中实现的总复杂度成本公式的一个变体（使用 cp）。

8. 树的总复杂度成本的原始公式中的 α 与 rpart 版本的总复杂度成本公式中的 cp 之间的关系是什么？

9. 在某个内部结点中，是否可能具有两个涉及相同的变量 X 但拆分点不同的代理项？请给出解释。

10. 在计算代理项优度指标并对代理项进行排名时，如果代理项存在缺失值，计算结果会如何变化？请给出解释。

11. 在 8.4.1 小节中提到"要查看这个预先确定的 α，我们需要比较结点上的执行与未执行剪枝情况。这样做的一种方法（不是唯一的方法）是使用子树的概念"。请提出另一种方法，以获得这个预先确定的 α，而无须使用子树的概念。

计算练习

1. default10.xlsx 是一个很小的数据集，可以让你使用 Excel 手动计算并将结果与一个 CART 包（如 R 的 rpart）的计算结果进行比较来学习 CART 概念。如此小的数据集实际上并不适合 CART，但我们只是想通过手动计算来学习概念，而不是依赖于软件包。数据包括 10 个案例、3 个输入变量：房主（homeowner）、婚姻状况（marital status）、年收入（annual income）。结果变量是贷款情况，其中 N 表示没有贷款，Y 表示有贷款。

   (a) 将 Excel 文件保存为 CSV 文件，并关闭 CSV 文件。CSV 文件将成为分析软件的数据源。你将在 Excel 文件（而不是 CSV 文件）中进行所有手动计算。

   (b) 打开扩展名为 .xlsx 而不是 .csv 的 Excel 文件。

(c) 在进行任何拆分之前，结果变量中不同结果的比例是多少？这将是根结点上的信息。

(d) 如果拆分标准为年收入小于等于10万元，计算两个子结点的熵、基尼指数和错分误差。

(e) 如果拆分标准为婚姻状态为单身，计算两个子结点的熵、基尼指数和错分误差。

(f) 如果使用基尼指数，那么上述两种拆分中，哪一种更适合？注意：CART会考虑所有输入变量和它们的唯一值来找到最佳拆分。

(g) 使用你首选的分析软件（例如rpart包），读取CSV文件，并设置最小可拆分案例数为2而不使用默认设置（因为数据集太小），然后查看最大CART。每个结点的最佳拆分规则是什么？

2. 设置最小可拆分案例数为2，并利用分析软件获得default10. csv的最大树。使用Excel手动计算剪枝序列和α阈值。将手动计算出来剪枝序列和α阈值与从rpart包或其他你使用的分析软件计算出来的结果进行对比。

3. 在default10.csv中，最优CART模型是什么？按结点纯度降序列出决策规则。（记得设置最小可拆分案例数为2。）

4. 在default10.csv中，添加一个唯一随机数的新列。最佳的CART模型是什么？按结点纯度降序列出决策规则。（记得设置最小可拆分案例数为2。）

5. 使用default10.csv的最大树，计算每个内部结点代理项的优度指标（`agree`和`adj`），包括最后的代理项，并按`agree`降序排列代理项。当内部结点深度增加时（即在CART图中更低的地方），针对代理项，你有什么发现？

6. 图8.14显示了一个包含21个结点的树,并标明了每个结点对应的$R(t)$。

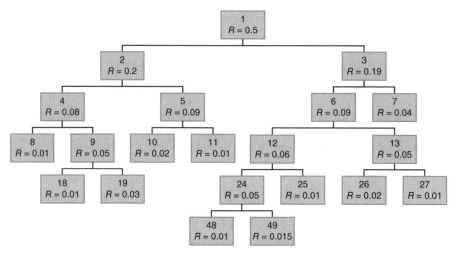

图8.14　显示$R(t)$的树

它的剪枝序列是什么,序列中的每步剪枝执行后的树有多少终端结点?

7. 在passexams.csv中,最佳的CART模型是什么?按结点纯度降序列出决策规则。(记得设置最小可拆分案例数为2。)

8. 在default.csv中,新建一列来计算$\dfrac{\text{AvgBal}}{\text{Income}}$的值。由此得出的最佳CART模型是什么?按结点纯度降序列出决策规则。与第7章中使用逻辑回归模型进行的分析相比,你有什么新的见解?

9. 数据集infert.csv(来源:基础R)是一项关于导致不孕的相关因素的病例对照研究的结果。在第7章中,我们建立了一个初步的逻辑回归模型,根据年龄、胎次、人工流产和自然流产来预测不孕的情况。回答以下问题。

(a) 最佳的CART模型是什么？按结点纯度降序降序列出决策规则。

(b) 哪一类人群的不孕风险最高？

(c) 确定以下人群的不孕风险：

    i. 无人工流产史；

    ii. 年龄为40岁，无人工流产史，且无生育或自然流产史；

    iii. 有一次人工流产史；

    iv. 年龄为40岁，有一次人工流产史，且无生育或自然流产史；

    v. 有两次或两次以上人工流产史；

    vi. 年龄为40岁，有两次或两次以上人工流产史，且无生育或自然流产史；

    vii. 无自然流产史；

    viii. 年龄为40岁，无自然流产史，且无生育或人工流产史；

    ix. 有一次自然流产史；

    x. 年龄为40岁，有一次自然流产史，且无生育或人工流产史；

    xi. 有两次或两次以上自然流产史；

    xii. 年龄为40岁，有两次或两次以上自然流产史，且无生育或人工流产史。

10. 为rating.csv数据集搭建最佳的CART模型来预测客户评分。

(a) 按结点纯度降序列出前5条决策规则。

(b) 哪些特征最有可能导致评级为Good？

(c) 哪些特征最有可能导致评级为Neutral？

(d)哪些特征最有可能导致评级为Bad？

(e)讨论CART分析与逻辑回归分析（在第7章中完成）对这类多分类变量 Y 处理方式的差异。

 参考资料

[1] BREIMAN L, FRIEDMAN J H, OLSHEN R A, et al. Classification and Regression Trees[M]. Chapman and Hall, 1984.

[2] MILBORROW S. Plotting rpart Trees with the rpart.plot Package[EB/OL]. 2019.

[3] THERNEAU T M, ATKINSON E J. An Introduction to Recursive Partitioning Using the RPART Routines[EB/OL]. 2019.

第9章

神经网络

本章目标

CART并不是唯一可以同时分析结果变量Y为连续数据和分类数据两种情况的模型。大多数现代方法都能做到这一点，包括人工神经网络。

CART是统计学科里早期成功运用的机器学习模型之一，而神经网络可视为人工智能中的第一个机器学习模型。机器学习将能够从以数据形式呈现的经验中学习和改进模型视为智能机器最重要的特征，以区别经典人工智能中试图模仿人类智能的图灵智能机器。

学习神经网络的第二个更重要的原因是在Google的普及下深度学习的兴起。深度学习涉及复杂的神经网络，具有许多隐藏的层和隐藏的结点，解决了神经网络中固有的梯度消失问题。在学习深度学习之前，我们需要了解基本的神经网络模型。

但是神经网络（和深度学习）是不透明的黑盒模型，因此不受到需要模型从输入到输出结果的过程透明的应用或客户的欢迎。正如第2章中所描述的，此类模型与CART相比，处于模型可解释性图谱的另一端。

本章介绍神经网络的关键思想，以及如何使用R设计和执行神经网络模型，但它不是对神经网络的完整诠释。与CART的情况不同，已经有几本很好的书完整地介绍了神经网络。如果你有兴趣，本章应该可以为你提供能够继续在其他书中对神经网络进行更全面的学习所需的知识。

9.2 大脑处理信息过程的建模

想象一下，你打开了一扇绿色的门，立刻注意到桌子上似乎正在发光。你走向桌子，看到桌子上有一小团闪烁的火焰，似乎越来越大。在3秒内，你冲上前去扑灭小火苗。

现在，想象你又打开一扇红色的门，立刻感觉到脸上的热量，并且闻到了木材燃烧和汽油的气味，看到熊熊燃烧的火焰吞没了所有的家具。在一秒（或两秒）内，你冲出去，拨打火警。

在你的大脑中发生了什么，导致你采取了完全不同的行动？

你的皮肤提供有关大气温度的信息，你的眼睛提供有关颜色和亮度的信息，你的鼻子提供有关气味的信息……你所有的感觉器官都向大脑提供了不同类型的信号。神经科学家认为，大脑中不同的神经元从感觉器官接收不同的信息来源，并利用电信号将信息传递给大脑其他部位的其他相关神经元。然后，大脑整合和吸收源自其他神经元的信息，并将吸收后的信息再传递给其他目标神经元。该过程将一直持续到对组合信息是否具有足够价值有充分的认识。然后大脑对信息做出"正确"的反应。反应可能是战斗、逃跑或获取更多信息。

如果要在图片中表达此类信息的处理、集成和传输的过程，可以使用前馈网络图。下面提供了一个示例。

图9.1是神经网络的一个示例，由一个输入层（3个结点）、一个隐藏层（4个结点）和一个输出层（2个结点）组成。我们也可以称其为3-4-2神经网络。神经网络中所有上一层的结点都馈入下一层中的某个结点，表示多个信息源的集成。在每个结点内，输入的信息被处理，然后传输到下一层中的各个结点。

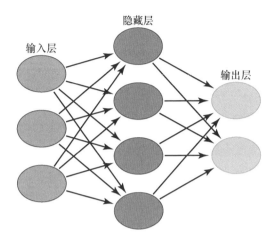

图9.1　具有一个隐藏层（4个隐藏结点）的神经网络（图源：维基百科）

大脑内部对信息的处理、组合和传输过程正是这类网络图的灵感来源。

9.3　信息的处理、关联和传输

在神经网络中，通常只有一个输入层、一个输出层，以及一个或几个隐藏层。深度学习中部署了许多隐藏层，每个层中包含多个结点。如果你使用计算机运行神经网络，则计算如此众多的隐藏层和结点需要花费很长的时间。

输入层中的每个结点都提供了一个信息源。来自输入层中每个结点的信息将传输到第一个隐藏层中的每个结点中。

通常，第一个隐藏层中的每个结点计算加权和来合并所有信息，然后在结点内通过 logistic 函数（也称为 S 型函数，参见第 7 章）或变形的 logistic 函数（称为双曲正切函数或 tanh 函数）处理汇总后的信息。logistic 函数的图像是介于 0 和 1 之间的 S 曲线，而 tanh 函数的图像是介于 −1 和 1 之间的 S 曲线，类似于垂直拉伸了 logistic 函数，以在 Y 轴中有更大的数值区间。S 曲线的阈值属性——无论范围的选择如何——体现了神经元中电脉冲的阈值。

用来在结点内处理汇总信息的函数也称为激活函数。logistic 函数和 tanh 函数是神经结点中常见的激活函数，特别是当隐藏层很少时。但它们并不是仅有的选择。

在激活函数处理完汇总信息后，将其输出传输到下一层（一般为下一个隐藏层，如果没有其他隐藏层则为最终输出层）。同样，下一层中的每个结点接收所有来自上一层中每个结点传入的处理信息，将信息合并为加权和，然后处理信息。如果下一层还是隐藏层，则重复上述情况。

但是，如果下一层是输出层，则激活函数的输出将取决于输出的数据类型：如果输出层结点要预测的变量是分类数据，则使用 logistic 函数；如果输出层结点要预测的变量是连续数据，则使用线性函数。

此后，通过将预测结果与训练集的实际值进行比较，我们获得了误差。对于连续型的结果，我们可以使用 RMSE、MSE 或 SSE。对于分类结果（如二元逻辑回归问题的结果），一个常见的选择是使用交叉熵误差（Cross-entropy Error，CE）。交叉熵的数学定义为：

$$CE = -\frac{1}{n}\sum_{i=1}^{n}\left\{Y^{(i)}\ln\left[f\left(X^{(i)}\right)\right] + \left(1-Y^{(i)}\right)\ln\left[1-f\left(X^{(i)}\right)\right]\right\}$$

其中上标 i 表示数据的第 i 行，而 $f(X^{(i)})$ 表示接受输入变量 X 第 i 行的 logistic 函数。

请注意，我们在上述描述中多次提到加权和。下层中结点和另一个结点之间的每个可能的路径都有一个权重，用于权衡传递的信息。权重至关重要，它决定了神经网络的价值，就像线性回归模型的系数确定线性回归的价值一样。

9.4 示例：巧克力口味测试

下面是在巧克力口味测试数据上运用神经网络的一个简单例子：

```
ctt.data <- data.frame(ID = seq(1:7),
                       Sugar = c(0.2, 0.1, 0.2, 0.2, 0.4, 0.4, 0.6),
                       Milk = c(0.9, 0.1, 0.4, 0.5, 0.5, 0.8, 0.7),
                       Taste = c(1, 0, 0, 0, 1, 1, 1))
```

有7块不同糖和牛奶含量的巧克力将被品尝。Taste取1表示味道好，取0表示味道不好。

接下来，我们将开发一个神经网络，它可以根据糖和牛奶的含量来预测味道的结果。有几个R包可以构建神经网络。这里，我们用neuralnet包来演示：

```
library(neuralnet)
set.seed(2014)  # 随机初始化初始权重
# 为分类目标创建一个包含3个结点的隐藏层
ctt.m1 <- neuralnet(Taste ~ Sugar + Milk, data = ctt.data,
hidden = 3, err.fct="ce",linear.output=FALSE)
ctt.m1$startweights  # 使用初始权重
## [[1]]
## [[1]][[1]]
##              [,1]        [,2]       [,3]
## [1,] -0.5656801  1.3532248 0.2669280
## [2,]  0.3210458 -1.2877305 0.3997096
## [3,]  0.1252706  0.3225545 0.4588465
##
## [[1]][[2]]
## [,1]
## [1,] 2.1502097
## [2,] 1.0862326
## [3,] 0.0368926
## [4,] 0.3879431

ctt.m1$weights  # 最终优化后的权重
## [[1]]
## [[1]][[1]]
##              [,1]        [,2]       [,3]
## [1,]  3.105304  3.341337  3.399615
## [2,] -7.584594 -8.207443 -7.695007
## [3,] -3.580014 -3.613328 -3.939235
##
## [[1]][[2]]
## [,1]
## [1,]  8.974266
## [2,] -9.413767
```

```
## [3,] -9.700585
## [4,] -9.349534
```

```
ctt.m1$net.result  # 预测的结果输出
## [[1]]
##                    [,1]
## [1,] 9.863232e-01
## [2,] 7.175456e-08
## [3,] 1.006381e-03
## [4,] 1.376937e-02
## [5,] 9.900065e-01
## [6,] 9.993707e-01
## [7,] 9.997900e-01
```

```
ctt.m1$result.matrix  # 摘要
##                              [,1]
## error                   0.039526475
## reached.threshold       0.009733772
## steps                 106.000000000
## Intercept.to.1layhid1   3.105303556
## Sugar.to.1layhid1      -7.584593851
## Milk.to.1layhid1       -3.580013512
## Intercept.to.1layhid2   3.341337422
## Sugar.to.1layhid2      -8.207442897
## Milk.to.1layhid2       -3.613327958
## Intercept.to.1layhid3   3.399614927
## Sugar.to.1layhid3      -7.695007496
## Milk.to.1layhid3       -3.939234882
## Intercept.to.Taste      8.974265963
## 1layhid1.to.Taste      -9.413767383
## 1layhid2.to.Taste      -9.700584522
## 1layhid3.to.Taste      -9.349534043
```

```
# 查看最终的权重神经网络图表
plot(ctt.m1)
```

构建后的网络如图9.2所示。

此神经网络有一个隐藏层，其中包含3个隐藏结点。上一层中的每个结点都将信息传递给下一层中的每个结点。信息的传输由路径左侧的结点定向传递到右侧的结点。每个输入变量都由输入层中的结点表示。网络图中存在偏置结点，表示为蓝色，使用一个常数来调整加权和的值。偏置结点的作用与线性回归中截距值相同。

224

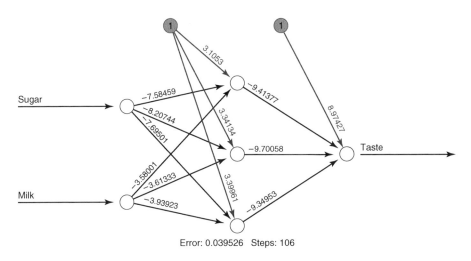

图9.2 巧克力味道测试的神经网络图表

训练开始时，随机给网络中的每条路径分配权重。然后通过反向传播算法（参见9.5节）自动调整权重，以提高每次步进的模型预测误差。在经过一定步进后，当误差无法进一步显著改善时，算法（或模型训练）将停止。然后即可使用最终的权重集获取模型基于糖和牛奶输入而输出的Taste预测值。

最终的权重可以通过modelname$weightR代码显示在R控制台上，但通过神经网络图理解起来更容易一些。例如在图9.2中，3.1053是偏置输入结点（常量）到第一个隐藏层中的第一个隐藏结点的最终权重，而−7.58459是从Sugar输入结点到第一个隐藏层中的第一个隐藏结点的最终权重……在R控制台中，将显示来自输入层中所有结点到第一个隐藏图层中的所有隐藏结点的权重。

相比之下，初始的随机权重集可以通过modelname$startweights代码看到。

可以通过modelname$net.result代码检查模型预测的输出。因为输出变量是分类数据（1代表味道好，0代表味道不好），所以输出值是logistic函数的计算结果，可以理解为$P(Y=1)$，如第7章所述。

数据集中的所有7个观测值都将具有一个模型预测的输出值。

有关神经网络的特定详细信息可以通过`modelname$result.matrix`代码查看。与权重矩阵相比，最终权重的显示更富有表现力。本示例中的总体误差约为0.0395。

9.5 通过增加权重训练神经网络

权重是数值，某些权重组合会导致细微的预测误差，而其他组合值则导致巨大的预测误差。那么，如何知道要将权重设置为哪些值呢？

你其实不必知道。如果有一个方案可以保证下一个时间步（timestep）的权重优于在当前时间步的权重，那么你需要做的只是在第一步分配随机权重，然后让方案运行足够长的时间，以获得足够好的权重集。只要每个步骤都比上一步有改进，最终权重就足够好了。

这个方案称为反向传播。

在上面的示例中，神经网络随机生成第一组权重，并应用反向传播，直到满足停止条件。最终的权重显示在上面的示例中，它们被认为有足够好的表现。

9.5.1 反向传播

反向传播本质上是使用由当前权重集得出的误差作为反馈，以便下一步调整权重，减少误差。

具体地，更新权值的（经典）反向传播公式是：

$$w_k^{(t+1)} = w_k^{(t)} - \eta \frac{\partial E^{(t)}}{\partial w^{(t)}}$$

就是说下一步（即 $t+1$）的权重取决于当前步（即 t）权重和调整项。

调整项需要关于当前步的误差 $E^{(t)}$ 和学习速率 η 的信息，η 是一个表示变化率的较小正值——也就是每次调整的幅度。

图9.3说明了为什么确定误差函数的斜率（即梯度）和正负对于正确地调整权重（即改进权重）是必要的。

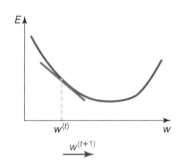
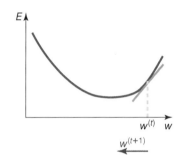

(a) 如果当前时间步 t 的权重小于最优值，
　　则切线的梯度为负

(b) 如果当前时间步 t 的权重大于最优值，
　　则切线的梯度为正

图9.3　误差斜率函数揭示了关于权重的信息

水平轴上的每个权重值都对应神经网络的一个误差值。和往常一样，误差越小越好。图9.3中，权重表现越好，误差曲线上的点就越低，但仅根据数据样本，这个误差曲线是未知的，我们无法画出这样的曲线。不妨假设它存在，如果我们朝着正确的方向调整权重，权重就可以得到改进。向错误的方向调整将会增加误差并使情况恶化。

但我们确实没有曲线。那么问题是：根据现有的数据和信息，如何知道哪个方向是调整权重的正确方向？

我们知道了当前的权重值，也知道了由当前权重引起的当前误差。在当前权值 $w^{(t)}$ 处的误差的斜率在图形上是在当前权值处的切线。我们只需要知道斜率的正负，就可以判定权重调整方向是否正确。

图9.3a显示当前权重 $w^{(t)}$ 处有一条斜率为负的切线。显然，我们

需要将当前的权重向右调整，以减少误差。这是通过在当前权重值上加上一个正数来实现的。$-\eta\dfrac{\partial E^{(t)}}{\partial w^{(t)}}$在斜率为负的时候是一个正数。回想一下，$\eta$只是一个较小的正值。

图9.3b显示当前权重$w^{(t)}$有一条斜率为正的切线。显然，我们需要将当前的权重向左调整，以减少误差。这是通过在当前权重值上加上一个负数来实现的。$-\eta\dfrac{\partial E^{(t)}}{\partial w^{(t)}}$在斜率为正的时候是一个负数。

这就是权重的更新公式使用误差斜率的原因。斜率的正负揭示了用于改善误差的正确权重调整方向，使得在下一个时间步中可以正确地调整权重。

为了计算出准确的数字，我们需要指定误差函数，并通过链式法则对其进行微分。使用连续变量Y的平方误差损失函数或分类变量Y的logistic函数（在第7章中解释过）可以使微分变得容易。

9.5.2 弹性反向传播和权重回溯

η是一个较小正值。它的值越大，权重调整就越大，这样我们就有在误差函数的转折点附近发生翻转的风险。如果我们调整得太多，新的权重会超调，最终会在最优权重的另一侧结束，如果继续运行算法，我们最终会绕着最优点来回跳转，但始终不能足够接近最优权重。

弹性反向传播是反向传播的现代化版本。它根据斜率的正负来调整学习速率η。如果当前的斜率与前一个斜率的符号相同，就增加学习速率以增大调整幅度。如果当前斜率与前一个斜率的符号相反，则意味着出现了超调，因此降低学习速率以减小调整幅度，避免再次翻转，使得调整结果更接近最优点。

弹性反向传播的公式为：

$$w_k^{(t+1)} = w_k^{(t)} - \eta_k^{(t)} \times \mathrm{sgn}\left(\frac{\partial E^{(t)}}{\partial w^{(t)}}\right)$$

上式与经典的反向传播公式的差异有两点：第一，非恒定的学习速率$\eta_k^{(t)}$可以根据t时刻权重k的情况加大或减小；第二，只利用斜率的符号（正或负），而不利用斜率的绝对值。可见要将权重调整到正确的方向，只有斜率的符号起作用。

根据误差函数和数据点的定义，弹性反向传播能避免翻转或将其推迟到后面的步骤。为了进一步降低翻转的风险，可以使用权重回溯法：如果斜率的符号改变了，那就意味着最小误差点被越过了。因此，停下来，回到上一步，降低学习速度，然后再试——也就是说，倒回去，用更小的步进再试一次。

9.6 设计神经网络需要考虑的细节

在设计神经网络时，还有各种各样的细节需要考虑。

 ### 9.6.1 规范所有输入变量的取值范围

所有数据在到达每一层之前都需要通过一组权重进行加权。假如一个年龄变量的数值范围是16～90，而一个年度收入变量的数值范围是10000～5000000。与相同范围的输入变量相比，用这些不同范围的变量作为输入变量以寻找一组好的权重来预测Y要困难得多，因为所有的输入变量必须以加权和的形式组合在一起。与年龄变量相比，年收入变量的数值范围要大得多，这将对加权和造成不成比例的巨大影响。

将所有输入变量都转换到相同的范围，原来的数据尺度将不再有关。此时权重集就可以轻松地专注于预测目标变量Y，而不会因为不同X的范围大不相同而造成负担。

有几种方法可以改变数据范围。以下是流行的3种方式：

- [0,1]缩放；
- [−1,1]缩放；
- 标准正态缩放（standard normal scale）。

[0,1]缩放限制变量在0和1之间（包括0和1），可以通过$\dfrac{X-\min(X)}{\max(X)-\min(X)}$实现。

[−1,1]缩放限制变量在−1到1之间（包括−1和1），可以通过$2\dfrac{X-\min(X)}{\max(X)-\min(X)}-1$实现。一些研究人员选择这个选项是为了更明显地区分$X$的相对大小，因为这个缩放区间的中点为0而不是在[0,1]缩放中的0.5，并且有正负。

标准正态缩放强制变量的均值为0，标准差为1，可以通过$\dfrac{X-\mathrm{mean}(X)}{SD(X)}$实现。这种方法相较前两种在极值处保留了更多的可变性。

9.6.2 限制网络复杂度

除非正在开发一个深度学习网络，否则你不需要很多隐藏层和隐藏结点。限制复杂度的一个简单方法是应用以下准则：当前层的隐藏结点数量大约是前一层结点数量的2/3。

另一种方法是应用10折交叉验证的统计标准和1SE规则来选择最佳配置。这类似于CART最优树的选择。

9.6.3 neuralnet 和 nnet

有几个用于创建神经网络的R包，其中两个流行的包是neuralnet和nnet。

表9.1列出了它们的主要差异。

表9.1　neuralnet包、nnet包、SAS Enterprise Miner（EM）的

神经网络结点的差异

差异之处	neuralnet包	nnet包	SAS EM的神经网络结点
隐藏层的数量	任意	只有1层	只有1层
变量类型	只能是连续数据，手动为分类数据创建虚拟变量1	同时允许连续数据和分类数据	同时允许连续数据和分类数据
反向传播算法	支持多种，包括弹性反向传播	只支持传统反向传播	支持多种，包括弹性反向传播
网络图	有	无	无

neuralnet包允许使用多个隐藏层并支持绘制网络图，主要的限制是需要手动为分类数据创建虚拟变量。即使你可以对分类变量使用factor()函数，neuralnet也不会接受这些变量。

下面的例子举例说明了neuralnet的使用方法。

9.7　示例：不孕风险

infert数据集内置在基础R中（具体可以在R控制台使用?infert查看），该数据集包含女性的人工流产和自然流产史和她们的生育状态（1代表不孕，0代表可孕）。

我们从加载R的infert数据开始，然后规范输入变量。neuralnet包中有许多默认选项，可以在R控制台使用?neuralnet查看这些选项及其文档说明。

运行以下代码，得到图9.4所示的结果。

```
data(infert)  # 从基础R包中加载数据集
?infert  # 查看infert数据集的文档
# parity=胎次
# 目标变量为case。 case=1（可孕）或0（不孕）
```

```
library(neuralnet)
set.seed(2014)  # 随机初始化开始的权重

infert$age1 <- (infert$age - min(infert$age))/
               (max(infert$age)-min(infert$age))
infert$parity1 <- (infert$parity - min(infert$parity))/
                  (max(infert$parity)-min(infert$parity))

# 与nnet不同, neuralnet无法处理因子变量
# 因此需要手动创建虚拟变量
infert$induced1 <- ifelse(infert$induced==1, 1, 0)
infert$induced2 <- ifelse(infert$induced==2, 1, 0)
infert$spontaneous1 <- ifelse(infert$spontaneous==1, 1, 0)
infert$spontaneous2 <- ifelse(infert$spontaneous==2, 1, 0)

# hidden=2创建一个隐藏层及两个隐藏结点
# 误差函数=交叉熵, 因为Y是分类数据 （默认值=SSE）
# 算法=弹性反向传播和权重回溯 （默认值）
# 停止时所有误差函数的梯度幅度小于0.01 （默认值）
# linear.output=F输出变量为分类数据, 不使用线性输出（默认值=T）
m2 <- neuralnet(case~age1+parity1+induced1+induced2+
                spontaneous1+spontaneous2,data=infert,
                hidden=2, err.fct="ce",
                algorithm = "rprop+", threshold = 0.01,
                linear.output = F)
m2.output <- m2$net.result  # 预测的输出
m2$result.matrix # 摘要

##                              [,1]
## error                   1.163356e+02
## reached.threshold       9.240765e-03
## steps                   6.633500e+04
## Intercept.to.1layhid1  -8.607351e-01
## age1.to.1layhid1        3.142916e-01
## parity1.to.1layhid1    -1.036582e+00
## induced1.to.1layhid1    2.527842e-01
## induced2.to.1layhid1   -2.826413e+00
## spontaneous1.to.1layhid1 4.224261e-01
## spontaneous2.to.1layhid1 7.355123e-01
## Intercept.to.1layhid2   1.315222e+00
## age1.to.1layhid2        3.698099e+00
## parity1.to.1layhid2    -7.186083e+00
## induced1.to.1layhid2    9.289459e-01
## induced2.to.1layhid2   -7.487631e+02
## spontaneous1.to.1layhid2 3.933904e+01
```

```
## spontaneous2.to.1layhid2   4.131640e+00
## Intercept.to.case          -1.449972e+00
## 1layhid1.to.case            4.295330e+01
## 1layhid2.to.case           -1.613626e+01
```
#模型预测当Prob>0.5时Y=1，否则Y=0
```
pred.m2 <- ifelse(unlist(m2.output) > 0.5, 1, 0)
cat('Trainset Confusion Matrix with neuralnet (1 hidden layer):')
```

```
## Trainset Confusion Matrix with neuralnet (1 hidden layer):
```

```
table(infert$case, pred.m2)
```

```
##    pred.m2
##         0  1
##    0  149 16
##    1   39 44
```

#在infert上查看神经网络图（一个隐藏层）
```
plot(m2)
```

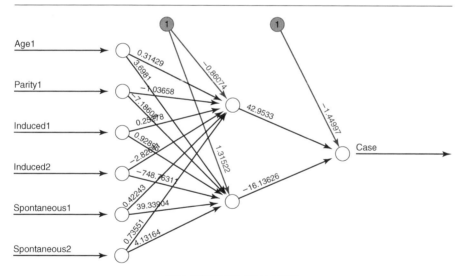

Error: 116.335566   Steps: 66335

图9.4 infert的神经网络（一个隐藏层）

这个神经网络使用以下设置，其中一些也是R包中的默认选项。使用默认值的选项不需要显示在任何R函数中，但出于学习的目的，这里它们被显式地显示出来，以使代码清晰。

- hidden=2：一个隐藏层、两个隐藏结点。默认为hidden=1（一个隐藏层、一个隐藏结点）。
- err.fct="ce"：误差函数为交叉熵，因为Y是分类数据。默认为err.fct=SSE。
- algorithm="rprop+"：算法为具有权重回溯的弹性反向传播。这是默认设置。
- threshold=0.01：停止时所有误差函数的梯度幅度小于0.01。这是默认设置。
- linear.output = FALSE：输出变量为分类数据，不使用线性输出。默认为True。

在训练集合上产生的混淆矩阵结果显示了16例假阳性和39例假阴性，相比之下，有44例真阳性和149例真阴性。

neuralnet包允许有多个隐藏层，用户可自定义在每个隐藏层中隐藏结点的数量。这是通过设置参数hidden完成的。在不孕风险的例子中，我们使用了hidden=2。

对于多个隐藏层，请指定一个向量而不是数字。例如hidden=c(3,2,1)表示有3个隐藏层，第一个隐藏层有3个结点，第二个隐藏层有2个结点，第三个隐藏层有1个结点。

使用大量隐藏层和隐藏结点的能力取决于数据集的大小、误差函数的选择和计算机的性能。

运行以下代码，得到如图9.5所示的结果。

```
set.seed(24)  # 随机初始化开始的权重
#3个隐藏层，分别包含3、2、1个隐藏结点
# 带有正确默认值的选项不会显示
m3 <- neuralnet(case~age1+parity1+induced1+induced2+
                spontaneous1+spontaneous2,data=infert,
                hidden=c(3,2,1), err.fct="ce", linear.output=F)

m3.output <- m3$net.result  # 预测的输出
m3$result.matrix  # 摘要
```

```
##                                   [,1]
## error                       1.041552e+02
## reached.threshold           9.968865e-03
## steps                       8.979100e+04
## Intercept.to.1layhid1      -1.552510e+00
## age1.to.1layhid1            4.897241e-01
## parity1.to.1layhid1        -1.536674e+00
## induced1.to.1layhid1        8.191483e-01
## induced2.to.1layhid1       -7.079478e+02
## spontaneous1.to.1layhid1    5.118165e-01
## spontaneous2.to.1layhid1    6.562612e+00
## Intercept.to.1layhid2      -1.417601e-01
## age1.to.1layhid2           -1.123821e+01
## parity1.to.1layhid2         2.014460e+01
## induced1.to.1layhid2       -1.131543e+01
## induced2.to.1layhid2       -2.280165e+00
## spontaneous1.to.1layhid2   -8.208386e+00
## spontaneous2.to.1layhid2   -4.079723e+00
## Intercept.to.1layhid3       4.647779e+00
## age1.to.1layhid3            3.431583e-01
## parity1.to.1layhid3         5.313334e+00
## induced1.to.1layhid3        3.476771e+01
## induced2.to.1layhid3       -6.003573e+00
## spontaneous1.to.1layhid3   -2.575014e+00
## spontaneous2.to.1layhid3   -6.313486e+00
## Intercept.to.2layhid1       8.433859e+01
## 1layhid1.to.2layhid1       -7.488209e+01
## 1layhid2.to.2layhid1       -4.479774e+02
## 1layhid3.to.2layhid1        2.859643e+00
## Intercept.to.2layhid2      -2.407817e+00
## 1layhid1.to.2layhid2       -3.110556e+00
## 1layhid2.to.2layhid2        1.778815e+02
## 1layhid3.to.2layhid2        4.240690e+00
## Intercept.to.3layhid1       1.350840e+00
## 2layhid1.to.3layhid1       -2.340129e+00
## 2layhid2.to.3layhid1       -6.986837e+00
## Intercept.to.case          -4.238896e+00
## 3layhid1.to.case            9.887862e+02
```

```
#模型预测当Prob>0.5时Y=1，否则Y=0
pred.m3 <- ifelse(unlist(m3.output) > 0.5, 1, 0)
cat('Trainset Confusion Matrix with neuralnet (3 hidden layers):')
```

```
## Trainset Confusion Matrix with neuralnet (3 hidden layers):
```

```
table(infert$case, pred.m3)
```

```
##   pred.m3
##      0   1
##   0 149  16
##   1  35  48
```

```
#查看神经网络图
plot(m3)
```

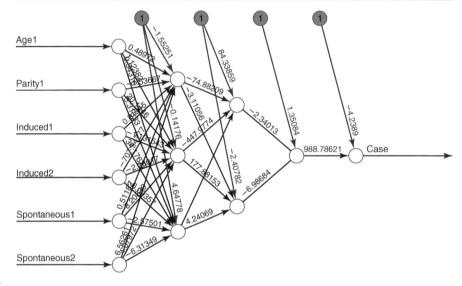

Error: 104.155214 Steps: 89791

图9.5 infert的神经网络（3个隐藏层，神经网络太大，无法清晰显示全部信息）

在这种模型中，误差只降低了很小的值，这很可能是由于样本量较小。假阳性仍为16例，假阴性略降至35例。如果数据量非常小，增加神经网络的复杂度不会有太大帮助。

9.8 结论

神经网络靠近模型可解释性图谱的右端。由于存在多个从输入结点到具有随机启动权重、非唯一最终权重的所有其他结点的多个信息传递路径，因此任何输入变量对输出变量的影响都难以解释。因此，神经网络被广泛认为是黑匣子模型。

到目前为止，我们已经学习了监督学习的4个模型：线性回归、逻辑回归、CART和神经网络。你可以选择在应用程序中使用其中一个，或者找到一种方法，将它们的统计意见合并到一个结论中。

组合不同模型的一种方法是平均它们的意见（对于连续变量Y）或服从多数（对于分类变量Y）。还有其他方法。

在卷2中，我们将学习更先进的监督学习模型，并学习一种无监督学习模型，这种模型通常用于识别高频繁项目集，因此在推荐系统和风险识别系统中多有应用。

概念练习

1. 对于结果变量Y是连续数据和分类数据的情况，分别可以使用哪个函数作为神经网络模型的输出？这是如何在neuralnet包中实现的？

2. 如果结果变量是分类数据，神经网络模型的输出结点是否可以只是分类结果中的一个？请给出解释。

3. 对于结果变量Y是连续数据和分类数据的情况，我们分别如何测量和传达神经网络模型的总体误差？这是如何在neuralnet包中实现的？

4. 解释输入结点的加权和和结点激活函数的目的。

5. 激活函数有两种常用的选择：logistic函数和tanh函数。它们的区别是什么？分别应当在什么时候使用？

6. 提出一种方法来确定隐藏层和每个层中的隐藏结点的最佳数量。

计算练习

1. 利用passexams.csv开发一个神经网络模型来预测考试结果。将神经网络模型与逻辑回归和CART模型进行比较，哪个模型更可靠？

2. 在 default.csv 中，新建一列来计算 $\dfrac{\text{AvgBal}}{\text{Income}}$ 的值，并开发一个神经网络模型。将神经网络模型与前面章节中的逻辑回归和 CART 模型进行比较。哪个模型更可靠？

3. 在本章的示例中，使用了 infert.csv 来演示神经网络的拟合过程。搭建包含一个隐藏层的模型来回答以下问题。

(a) 哪一类人群的不孕风险最高？

(b) 确定以下人群的不孕风险：

    i.   无人工流产史；

    ii. 年龄为40岁，无人工流产史，且无生育或自然流产史；

    iii. 有一次人工流产史；

    iv. 年龄为40岁，有一次人工流产史，且无生育或自然流产史；

    v.   有两次或两次以上人工流产史；

    vi. 年龄为40岁，有两次或两次以上人工流产史，且无生育或自然流产史；

    vii. 无自然流产史；

    viii. 年龄为40岁，无自然流产史，且无生育或人工流产史；

    ix. 有一次自然流产史；

    x.   年龄为40岁，有一次自然流产史，且无生育或人工流产史；

    xi. 有两次或两次以上自然流产史；

    xii. 年龄为40岁，有两次或两次以上自然流产史，且无生育或人工流产史。

4. 比较利用 infert 数据集训练的逻辑回归（第 7 章计算练习）、CART（第 8 章计算练习）和神经网络模型（第 9 章计算练习）。它们是否对各人群的不孕风险给出了相似的预测？如果模型给出的预测结果差别很大，请解决不同结果间的冲突。

第10章
字符串和文本挖掘

10.1 本章目标

到目前为止，我们已经处理过数值数据和分类数据，它们分别可以以数字或单词的形式表示。ADA中还有一种需要我们掌握分析方法的数据模型：文本。

与数值和分类数据不同，文本是非结构化数据。数字2就是2，男性就是男性（不管你是用数字1还是字母M表示）。"文本"的含义则不那么简单。文本的含义需要经过提取，并经常要从单词、标点符号和空格的顺序推断出来。此外，在不同的情况下，其含义可能不同。也就是说，文本容易受人的主观意志影响，几乎总是需要预处理才能对其进行分析。

本章介绍关键的基本概念，使初学者熟悉文本挖掘中的标准过程和执行基本文本挖掘所需的技能。

我们从理解文本挖掘的基本元素——字符串开始。

10.2 处理字符串

字符串是一串字符序列。这里的字符可以是任一语言中的字母、数字、标点符号、特殊字符（如：!、#、)等）或空格。在键盘上可以输入的任何按键（包括空格键）都代表着一个字符。字符被串在一起形成一个表达式。也就是说，字符串可以只是一个字符、一个单词或者是多个单词与空格串联在一起形成的句子。

给定一个数据集，处理字符串的需求通常取决于文本的属性，如名字、地址、ID等。在R中，字符串的数据类型表示为Character。

有许多标准方法可以用来处理和清洗字符串。下面只是一小部分示例。

nchar()函数可以计算字符串中的字符数量，与length()函数不同（length()函数是计算向量中的元素数）：

```
# 下面3个字符串分别有多少字符?
nchar(c("who", "are", "you?"))
## [1] 3 3 4

# 下面字符串中有多少字符?
nchar("Who are you?")
## [1] 12

# 向量中有多少元素?
length(c("who", "are", "you?"))
## [1] 3

# 向量中有多少元素?
length("Who are you?")
## [1] 1

# 在包含两个字符串的向量中执行大写操作
toupper(c("All in Upper Case.", "abcde"))
## [1] "ALL IN UPPER CASE." "ABCDE"

# 在包含两个字符串的向量中执行小写操作
tolower(c("ALL in Lower Case.", "ABCDE"))
## [1] "all in lower case." "abcde"

# 使用chartr(old,new,x)函数进行字符转换
# 将a替换为A
chartr(old = "a", new = "A", "This is a very interesting
seminar.")
## [1] "This is A very interesting seminAr."
```

```
# 新旧字符串长度必须相等
# 将a替换为X，将i替换为Z
chartr("ai", "XZ", "This is a very interesting seminar.")
## [1] "ThZs Zs X very ZnterestZng semZnXr."
```

正如nchar("Who are you?")会输出12那样，标点符号和空格也算作字符串中的字符，如图10.1所示。

计数	1	2	3	4	5	6	7	8	9	10	11	12
字符	W	h	o		a	r	e		y	o	u	?

图10.1 字符串中的字符计数

引号表示字符串的开始和结束。

相反，length()函数只计算向量中的元素数量。

函数toupper()和tolower()将所有字母字符分别转换为大写和小写。如果你只是想更改几个字符，请使用chartr()函数。

substring()函数可在特定位置截断和提取字符串，或在特定位置替换新字符。

```
# 使用substr(x, start, stop) 函数切分字符串
# 截断并提取第2到第4的字符串
substr("abcde", start = 2, stop = 4)
## [1] "bcd"

# 将第2位置的字符替换为 #
x <- c("Today", "is", "a", "hot", "day")
substr(x, start = 2, stop = 2) <- "#"

x
## [1] "T#day" "i#" "a" "h#t" "d#y"

# 将第2和第3位置的字符替换为笑脸符号
y <- c("Today", "is", "a", "hot", "day")
substr(y, start = 2, stop = 3) <- ":)"

y
## [1] "T:)ay" "i: " "a" "h:)" "d:)"
```

　　stringr包扩展了基本R中的字符串处理功能，并为许多与字符串相关的函数提供了更一致的语法：`str_*`。也就是说，stringr包中有许多（但不是全部）以`str_`开始、以要执行的操作名结尾作为名称的函数。

　　与往常一样，每次使用前，需要先安装一下stringr包，然后安装库：

```
library(stringr)
# 下面3个字符串分别有多少字符?
str_length(c("who", "are", "you?"))
## [1] 3 3 4

# 下面字符串有多少字符?
str_length("Who are you?")
## [1] 12
```

　　在旧版本的R中，执行`nchar(NA)`会生成不正确的答案2，而执行`str_length(NA)`可以生成正确的答案NA。缺失值（NA）不属于任何字符。这在较新版本的R中已更正，现在`nchar(NA)`也可以生成正确答案NA了。

　　将不同的字符串连接或合并到一个字符串中现在更一致地由`str_c()`函数完成。人们不再需要记住在基础R中是应该使用`paste()`还是`paster0()`了。

```
x <- "news"
str_c("This", "is", "interesting", x)
## [1] "Thisisinterestingnews"

# 用空格分隔每个字符串
str_c("This", "is", "interesting", x, sep =" ")
## [1] "This is interesting news"
```

　　`str_sub()`函数类似于基础R中的`substr()`，但允许在开始位置和结束位置设置负整数。负开始或结束意味着从字符串的右端而不是字符串的左端开始查看。

```
str_sub("abcde", start = 2, end = 4)
## [1] "bcd"
```

```
# 使用负值开始和结束获取倒数第3个和倒数第2个字符
str_sub("abcde", start = -3, end = -2)
## [1] "cd"
```

字符复制可以使用str_dup()函数。

```
str_dup("Hello", times = 3)
## [1] "HelloHelloHello"
str_dup("Hello", times = 1:3)
## [1] "Hello" "HelloHello" "HelloHelloHello"
```

删除空格可以使用str_trim()。

```
# 左侧、右侧和两侧都有空白的文本
song <- c("Bah", " Bah", "Black Sheep", " Have you any wool?")

# 删除左侧的空格
str_trim(song, side = "left")
## [1] "Bah" "Bah" "Black Sheep"
## [4] "Have you any wool? "

# 删除右侧的空格
str_trim(song, side = "right")
## [1] "Bah" " Bah" "Black Sheep"
## [4] " Have you any wool?"

# 删除两侧的空格
str_trim(song, side = "both")
## [1] "Bah" "Bah" "Black Sheep"
## [4] "Have you any wool? "
```

可以使用str_pad()函数来添加或填充字符串。

```
# 使用str_pad(string, width, side = "left", pad = " ")填充字符串
str_pad("Hello", width = 9)
## [1] " Hello"

# 在字符串两侧进行填充
str_pad("Hello", width = 9, side = "both")
## [1] " Hello "

# 在字符串左侧填充#
str_pad("Hello", width = nchar("Hello") + 1, pad = "#")
```

```
## [1] "#Hello"
```

```
# 在字符串两侧填充"-"
TE <- "The End"
str_pad(TE, width = nchar(TE) + 4, side = "both", pad = "-")
## [1] "--The End--"
```

stringr包中的word()函数提供了从字符串中提取单词的便捷方法。

```
sw <- "Snow White and the 7 strong men"
# 使用word(string, start = 1, end = start, sep = fixed(" "))提取单词

# 提取第一个单词
word(sw, start = 1)
## [1] "Snow"

#提取前两个单词
word(sw, start = 1, end = 2)
## [1] "Snow White"

# 提取最后两个单词
word(sw, start = -2, end = -1)
## [1] "strong men"
```

基础R中的集合（set）运算可用于比较两个字符向量。

```
# 集合运算
set1 <- c("peter", "John", "Clark", "Peter", "peter")

length(set1)
## [1] 5

unique(set1)
## [1] "peter" "John" "Clark" "Peter"

set2 <- c("Peter", "Clark", "Stark", "Bruce")

sort(set2)

## [1] "Bruce" "Clark" "Peter" "Stark"

# 排序(降序)
sort(set2, decreasing = T)
## [1] "Stark" "Peter" "Clark" "Bruce"

# 将set1和set2集合中的每个唯一元素组合在一起
union(set1, set2)
```

```
## [1] "peter" "John" "Clark" "Peter" "Stark" "Bruce"

# 计算set1和set2的交集
intersect(set1, set2)
## [1] "Clark" "Peter"

# 剔除set1中与set2相同的元素
setdiff(set1, set2)
## [1] "peter" "John"

# 剔除set2中与set1相同的元素
setdiff(set2, set1)
## [1] "Stark" "Bruce"

setequal(set1, set2)
## [1] FALSE

set3 <- c("Stark", "Steve", "Bruce")
set4 <- c("Bruce", "Stark", "Steve")

setequal(set3, set4)
## [1] TRUE

identical(set3, set4)
## [1] FALSE

name1 <- "Bruce"
name2 <- "bruce"

is.element(el = name1, set = set3)
## [1] TRUE

is.element(el = name2, set = set3)
## [1] FALSE
```

对于字符串的基本操作,基础 R 和 stringr 包就足够了。而对于较长的文本(如演讲稿、文档、评论、新闻、书籍)或对文本进行更深入的分析(如情绪、关键字、用词选择),专业的文本挖掘软件包会更有用,并将极大地提高文本分析的效率。

R 中至少有两个流行的文本挖掘包:tidytext 和 quanteda。我们将在本章中重点介绍 quanteda。

10.3 基本的文本挖掘概念

文本挖掘有两个广泛的应用：内容分析和情绪分析。内容分析检查词语的选择和频率，情绪分析则揭示文本中的情感语调，如愤怒、快乐、悲伤、失望、厌恶、欣喜若狂等。

为了促进文本文档分析工作的自动化、有效性和可重复性。以下基本文本挖掘概念已被证明有用：

- 语料库（corpus）；
- 词条（token）；
- 文档要素矩阵（Document Feature Matrix，DFM）或文档术语表（document term matrix）；
- 非索引字（stopword）；
- 词干提取（stemming）；
- 字典（dictionary）；
- 上下文中的关键字（KeyWords In Context，KWIC）。

第一个关于文本挖掘的概念是语料库，即文档内文本和关于每个文档的信息（或元数据）的集合。它构成了所有后续文本分析所需的"数据"。我们将尽量不修改此"数据"。如有必要，我们可以复制语料库，然后对副本进行子集化或清洗，以便在发生任何更改或错误时，依然可以用系统中的保留的原始"数据"进行检查，或者轻松地复原。非文本挖掘外的应用程序中也会采用这种做法。

第二个概念是词条，即我们将在语料库执行的文本分析单元。你是在单个字符级别、单个词语级别、两个词语级别还是句子级别进行分析？默认情况下，大多数文本挖掘包（例如quanteda、tidytext）实现的都假定在单个词语级别分析，但存在修改分析单元的选项。与数值数据和分类数据相比，鉴于语言的复杂特性，从文档中提取出词语并不那么直接且简单。你认为"&"算是一个单词吗？"-""#""•""1"这些算是一个单词吗？

你会认为"run""ran""running"是有同样意思的"相同"单词吗？你如果只是统计单词数量，就可能会把这3个词当作不同单词。但如果是在统计运动类型的话，就可能会将它们视为相同单词。

你认为"smiling""happy""overjoyed""excited""exhilarated"这些单词表达的是同一个程度的情感，还是不同程度的情感？那如果在"happy"前面加上"not"呢？软件需要有能力分析所有的单词，即使是那些人眼看不见的。

第三个概念是DFM。矩阵中的每一行表示一个文档，而每列（或要素）表示至少一个文档中的词条。因此，矩阵中的单元格表示该文档中特定单词的频率计数。在这样的格式中，矩阵将变成稀疏矩阵（即有许多单元格为零），因为列将共同表示所有文档中的所有单词，但每个文档很少具有整个语料库中提及的所有单词。通常，每个文档都只有所有单词集中的一小部分单词。DFM是可选的，但在统计分析中通常很有用。在文本挖掘中，语料库和词条是必需的。

DFM的功能是结构化矩阵格式，在单词的频率很重要而位置并不重要时显著地使统计数据更便利。通过将所有单词作为单独的列，我们丢失了有关文本中不同单词的相对位置的信息。作为回报，我们可以非常清楚地了解文档和语料库中所有文档中单词的频率和分布情况。通过获取列总和，我们知道特定词条在整个文档集合中的普及程度。通过获取行总和，我们知道特定文档中存在的词条数。因此，我们可以很容易地比较不同单词和不同文档。

图10.2中可以查看语料库、词条和DFM这3个概念之间的关系：

为了解释上面3个文本挖掘概念，并阐明文本挖掘与传统方法操作文本字符串的区别，让我们用相同的文本数据解决同样的问题，但使用两种不同的技术。下面我们将介绍如何在文本数据中应用字符串技术，然后对同一文本数据应用文本挖掘技术。

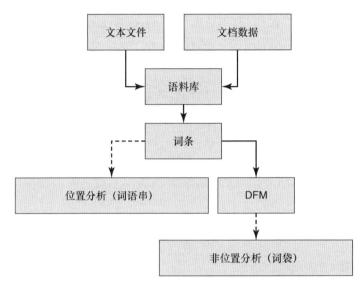

图10.2　语料库、词条和DFM之间的关系

（图源：Tutorials for quanteda网站）

 ## 10.3.1　示例：对期刊标题进行分析的字符串操作

本小节使用的活跃期刊标题数据集jnlactive.csv是来自出版商Elsevier的期刊标题的列表，包含2618个期刊标题，每个标题表示为CSV文件中的一行。

我们希望回答6个问题：

1. 期刊标题集中的单词分布情况如何？

2. 单词数最多的期刊标题有多少个单词？

3. 单词数最多的期刊标题是什么？

4. 期刊标题集中的单词数是多少？

5. 期刊标题集中有多少单词仅出现一次？

6. 期刊标题集中最常见的20个单词是什么？

　　在此示例中，我们将CSV文件中的文本视为要直接操作的字符串，以便回答上面6个问题。在10.3.2小节中，我们将相同的文本视为要在文本挖掘中分析的词条。

```
library(stringr)
# 读取数据(stringsAsFactors=FALSE)
journals <- read.csv("<PATH>/ADA1/9_TM/jnlactive.csv",
                      stringsAsFactors = F)

# 删除逗号和破折号
journals$title.fix <- str_remove_all(journals$Full.Title,
                                     pattern = "[,-]")

# 单个单词分割标题
titles.list <- str_split(journals$title.fix, pattern = " ")

# 每个标题中有多少词语
words.per.title = sapply(titles.list, length)

# 期刊标题中词语的分布
table(words.per.title)
## words.per.title
##   1   2   3   4   5   6   7   8   9  10  12  15  17  19
## 190 456 496 643 387 227 118  60  25  11   1   2   1   1

summary(words.per.title)
##  Min. 1st Qu.  Median   Mean 3rd Qu.    Max.
## 1.000   3.000   4.000  3.888   5.000  19.000

## 单词数的中位数：4
## 最长标题的单词数：19
```

　　在期刊标题中，单词通过str_split()函数的参数pattern =" "彼此分离。空格用于区分一个单词。最难的部分是识别那些如果我们不删除就会被视为单词的字符。通过str_remove()函数的参数pattern="[,-]"执行字符的删除，在拆分为单词之前，从标题中删除英文逗号","和英文破折号"-"。此方法并非万全，仍可能还有其他字符被错误地视为单词。我们希望这些字符没有统计学意义。详尽的搜索将需要更多的时间来识别所有这些字符，10.3.2小节所示的文本挖掘方法可以更快地完成这个任务。

期刊标题中的单词分布显示在上文的代码输出中，单词数最多的标题的单词数为19。

具有最多单词的标题可以作为单个单词的序列读取，也可以在尚未被分解为单词之前从原始标题字符串中读取。

```
# 单词数最多的期刊标题的单词
titles.list[which(words.per.title == 19)]
## [[1]]
##  [1] "Studies"    "in"         "History"    "and"
##  [5] "Philosophy" "of"         "Science"    "Part"
##  [9] "C:"         "Studies"    "in"         "History"
## [13] "and"        "Philosophy" "of"         "Biological"
## [17] "and"        "Biomedical" "Sciences"

# 包含标点的最长期刊的原始标题
journals$Full.Title[which(words.per.title == 19)]
## [1] "Studies in History and Philosophy of Science Part C:
Studies in History and Philosophy of Biological and Biomedical
Sciences"
```

为了计算只出现一次的单词，我们需要将所有标题汇总到一个"容器"中，以检查其中的所有单词。然后，我们可以计算只出现一次的单词，并在容器中显示出现频率最高的前20个单词：

```
# 标题的单词向量
title.words <- unlist(titles.list)
length(title.words)
## [1] 10178
## 10178个单词

# 获取只出现一次的单词
unique.words <- unique(title.words)
length(unique.words)
## [1] 2163
## 2163个去重单词

# 包含单词频率数据的表
word.freq <- table(title.words)

# 频率中前20名
top.20.freq <- sort(word.freq, decreasing = TRUE)[1: 20]
top.20.freq
```

```
## title.words
##        of     Journal        and        in   Research
##       760         690        576       244        175
##         &  International    Science        de   Medicine
##       162         129        119        95         94
##       The  Engineering   Clinical                 Clinics
##        84          80         62        60         59
##   Surgery    Materials    Biology  Sciences    Reports
##        59          54         49        48         47
```

unlist()函数打破了标题的列表结构，将所有期刊标题中的所有单词都放入容器标题中。共有10178个单词。

unique()函数标识去重对象，并告诉我们整个期刊标题集合中，排除重复单词后，有2163个单词。

通过计算单词的频率，我们很容易获得频率最高的前20个单词。请注意，对于其中一些实际意义不大的词，如of、journal、and、in，我们可以通过使用排除条件对单词集进行子设置来排除它们。但是，我们也可以通过使用非索引字在文本挖掘中更快地完成此工作。这是文本挖掘中的第4个基本概念。

非索引字在某些应用中被认为没有信息价值，因此具体应用时被从文本分析中排除。比方说，在某人编译的单词列表中的the、a、an、or、and、in、of等都可以是非索引字。文本挖掘包将会提供这样的列表供我们使用。

10.3.2　示例：对期刊标题分析的文本挖掘操作

本小节使用的数据集为jnlactive.csv。

现在，我们将使用文本挖掘包quanteda（即quantitative analysis of textual data的缩略词，意为文本数据定量分析），并在与10.3.1小节相同的数据集上运用语料库、词条、DFM和非索引字的概念：

```
library(quanteda)
library(readtext)
```

```
jnl <- readtext("<PATH>/ADA1/9_TM/jnlactive.csv")

# 只保留前两列
jnl <- jnl[c(1,2)]
# 根据文件集合创建语料库
jnl.corpus <- corpus(jnl)
head(summary(jnl.corpus))
##              Text Types Tokens Sentences
## 1 jnlactive.csv.1     2      2         1
## 2 jnlactive.csv.2     2      2         1
## 3 jnlactive.csv.3     4      4         1
## 4 jnlactive.csv.4     5      5         1
## 5 jnlactive.csv.5     2      2         1
## 6 jnlactive.csv.6     2      2         1

# 将所有文档的语料库摘要保存为数据帧
jnl.corpus.summary <- summary(jnl.corpus)
```

corpus() 函数从 CSV 文件创建语料库。CSV 文件的每一行都表示为语料中的一个文档。文档 ID 是摘要中第一列列出的序号，共有 2618 个文档。Tokens 列存放了每个文档的词条数量，默认情况下，每个词条表示一个单词。标点符号也被视为词条。稍后，我们将使用一个参数轻松地删除标点符号。

如果有重复的单词，每个单词也算作另一个词条。Types 列表示唯一词条的数量，重复的单词不计算在内。Sentences 列表示每个文档中的句子数。head() 函数仅显示输出中的前六个文档。语料库上的摘要函数列出每个文档的 Types、Tokens 和 Sentences，并可以将结果保存为 data.frame 对象，供后续参考。

若要查看文档中的文本，请使用 texts() 函数并指定文档编号：

```
# 提取语料库中第150行文本
texts(jnl.corpus)[150]
## jnlactive.csv.150
## "Applied Catalysis A: General"

# 查看第150行语料库的词条
tokens(texts(jnl.corpus)[150])
## tokens from 1 document.
## jnlactive.csv.150 :
## [1] "Applied" "Catalysis" "A" ":" "General"
```

使用包含指定行号的 `texts()` 显示第150行的文本。`tokens()` 函数将整个语料库文本"词条化"(tokenise)。输出结果表明,标点符号":"也被视为词条。

使用 `tokens()` 函数中的参数 `remove_punct=TRUE` 可以轻松地删除 Unicode 定义中的所有标点符号:

```
jnl.tokens <- tokens(jnl.corpus, remove_punct = TRUE)
jnl.tokens[150]
## tokens from 1 document.
## jnlactive.csv.150 :
## [1] "Applied" "Catalysis" "A" "General"
## 确认 ": " 已被移出 jnl.corpus
```

标点符号的定义基于Unicode,总数量超过600个。请注意,一些特殊符号也被算作标点符号,如"&"。

可以在每个文档中统计词条(不包括标点符号)的跨文档分布情况:

```
freq.tokens <- ntoken(jnl.tokens)
summary(factor(freq.tokens))
##   1   2   3   4   5   6   7   8   9  10  11  15  17  19
## 188 500 508 630 379 217 111  52  23   5   1   2   1   1
## 标题最长有19个单词,共一个案例

# 提取包含最长token的标题
jnl.tokens[which(freq.tokens == max(freq.tokens))]
## tokens from 1 document.
## jnlactive.csv.2420 :
##  [1] "Studies"    "in"       "History"   "and"        "Philosophy"
##  [6] "of"         "Science"  "Part"      "C"          "Studies"
## [11] "in"         "History"  "and"       "Philosophy" "of"
## [16] "Biological" "and"      "Biomedical" "Sciences"

# 包含标点的最长期刊的原始标题
texts(jnl.corpus)[which(freq.tokens == max(freq.tokens))]
## jnlactive.csv.2420:
## "Studies in History and Philosophy of Science Part C:
Studies in History and Philosophy of Biological and Biomedical
Sciences"
```

由于sringr包和quanteda包对标点符号（和特殊符号）的处理方式不同，词条（不包括标点符号）的分布与10.3.1小节中的单词分布略有不同。

然而，单词数最多的期刊标题都被识别为包含19个单词。可以选择在词条化之前查看19个词条或原始标题。

要计算词条总数，可以选择不将所有文档合并到一个容器中。但是，要计算去重词条数，我们必须将语料库中的所有文档合并为一个。在文本挖掘中，想要将所有文档合并到一个文档中是相当罕见的。通常，文档是文本挖掘中文本分析的单位，但仍可以在语料库中实现组合。作为一个良好做法，我们将组合的语料库保存到另一个称为combined.corpus的对象中：

```
# 词条的数量
sum(ntoken(jnl.tokens))
## [1] 9956
## 9956 words excluding punctuation

# 将语料库中的所有文档组合成一个文档，从而得到所有文档中唯一的单词
# 原始语料库将CSV文件中的每一行视为一个文档
combined.corpus <- corpus(texts(jnl.corpus,
                          groups = rep(1, ndoc(jnl.corpus))))
summary(combined.corpus)
## Corpus consisting of 1 document:
##
## Text Types Tokens Sentences
##    1  2091  10513         9
## 确认在combined.corpus中只有一个文档

# 词条化组合为一个文件的语料库
combined.tokens <- tokens(combined.corpus, remove_punct = TRUE)
ntoken(combined.tokens)
##     1
## 9956
## 9956个词条，排除标点

ntype(combined.tokens)
##     1
## 2080
## 2080个词条，排除标点且去重
```

ntoken()函数显示词条数（包括重复词条），而ntype()函数显示去重后的词条的数量。

词条化是任何文本挖掘应用程序中的关键步骤。使用控制台上的?token可以查看可用于优化词条化过程的文档、示例和选项。

 ## 10.3.3　文档要素矩阵

若要获取期刊标题集中前20个最常用的单词，使用DFM结构更简单，该结构可自动计算原始语料库中跨文档的标记。

dfm()函数将从语料库或词条中创建DFM对象。默认情况下，在使用dfm()函数的词条化过程中，所有单词都会被转换为小写。因此，big和Big在dfm()中是相同的词条，除非你更改默认设置。相反，tokens()函数会进行较少的处理，并寻求保留尽可能多的原始内容，除非另有说明。因此，默认情况下，big和Big在tokens()函数中是不同的词条，除非你更改默认值：

```
dfm.jnl <- dfm(jnl.tokens)

ndoc(dfm.jnl)
## [1] 2618
## 2618个文档

nfeat(dfm.jnl)
## [1] 2062
## 2062个要素，默认均为小写，这一点区别于使用tokens()

# 显示DFM中前10个要素
head(featnames(dfm.jnl), 10)
## [1] "academic"  "pediatrics" "radiology"  "accident"
## [5] "analysis"  "prevention" "accounting" "organizations"
## [9] "and"       "society"

# 显示DFM中前20个要素
topfeatures(dfm.jnl, 20)
```

```
##                of      journal        and          in    research
##               760          690        576         246         180
## international      science        the    medicine          de
##               133          123        121         102          95
##      engineering     clinical    surgery     clinics   materials
##                85           62         61          59          55
##           biology     sciences    reports     applied  management
##                53           49         48          44          44
```

DFM中的词条称为要素（feature），在矩阵中表示为列，而文档表示为矩阵中的行。ndoc()函数使用DFM统计文档数，而nfeat()函数统计要素数。不建议查看整个DFM，因为矩阵通常非常大，尤其是列会非常多。因此，我们通常"查询"DFM而不是查看整个DFM，就像通常"查询"数据库而不是查看整个数据库一样。

featnames()函数显示要素列表，我们通常查询以查看前几个、最后几个要素或对要素进行采样，以便了解要素列表。我们还可能指定一个条件（例如，feature=="science"或以3个字符sci开始的要素）来搜索特定要素。

DFM中的一个实用的函数是topfeatures()，它显示按频率计数的前若干个要素。在期刊标题集中，前4个要素是of（760次）、journal（690次）、and（576次）和in（246次）。这是预料之中的。在大多数文本文档中，最常见的单词是the、a、an、of、and、is等。我们就是这样写作或说话的。但是，在大多数文本挖掘应用程序中，此类单词通常价值不大。因此，有一种标准高效的方法可以在分析前删除它们——非索引字。

10.3.4 非索引字

非索引字是用于匹配语料库中的单词并将它们从语料库中排除的单词列表。通常，在特定应用场景中，需要进一步添加非索引字，以删除标准排除列表中未提供的其他单词。在quanteda中，标准列表中的英文非索引字通过参数pattern=stopwords('en')匹配和排除：

```
# 排除非索引字
dfm.jnl.2 <- dfm_remove(dfm.jnl, pattern = stopwords('en'))
nfeat(dfm.jnl.2)
## [1] 2045
## 2045个要素，已排除英文非索引字

# 显示DFM中前20个要素
topfeatures(dfm.jnl.2, 20)
##      journal      research international       science      medicine
##          690           180           133           123           102
##           de   engineering      clinical       surgery       clinics
##           95            85            62            61            59
##    materials       biology      sciences       reports       applied
##           55            53            49            48            44
##   management    technology        health     molecular       physics
##           44            43            43            42            42
```

依照英文非索引字的标准列表排除非索引字后，要素数量从2062个减少到2045个。检查前20个要素可知，我们可能还要排除journal、de和reports。可以进一步指定要排除的单词来排除它们：

```
#排除特定领域的无用词汇
dfm.jnl.3 <- dfm_remove(dfm.jnl.2,
                        pattern = c("journal", "de", "reports") )
nfeat(dfm.jnl.3)
## [1] 2042
## 2042 个要素，已从 dfm.jnl.2中排除上述3个单词

# 显示DFM中前20个要素
topfeatures(dfm.jnl.3, 20)
##     research international       science      medicine   engineering
##          180           133           123           102            85
##     clinical       surgery       clinics     materials       biology
##           62            61            59            55            53
##     sciences       applied    management    technology        health
##           49            44            44            43            43
##    molecular       physics       current     economics       revista
##           42            42            42            42            42
```

3个额外的要素被排除。我们可以检查或者扩充要排除的单词列表，或者停止在这里。我们可以看到，期刊集中的内容更侧重于科学和医学。

非索引字列表可以通过下列方法查看：

```
# 英文非索引字列表中前6个非索引字
head(stopwords("en"))
## [1] "i" "me" "my" "myself" "we" "our"
```

```
# 中文非索引字列表中前6个非索引字
head(stopwords("chinese"))
## [1] "按" "按照""俺" "们" "阿"
```

在quanteda包中，有18个不同语言的非索引字列表。有关完整列表、其源代码和示例，请参阅quanteda的网站。

10.4　情绪分析

情绪分析可用于分析评论、反馈、演讲稿、博客、论坛、推文等文字中的情绪。为了推断情感，我们需要一个单词与特定情感关联的列表。字典中提供了这种关联。然而，在应用字典之前，我们需要提取这些单词的词干。这就是词干提取，文本挖掘中的第5个基本概念。

词干提取

不同的单词可以提供相同的含义或信息内容，例如run、running和runs都指"跑"。通过词干提取，我们把所有单词都缩减为基本词干。然后，把所有不同的词都当作同一个词来对待。词干提取的示例如下：

```
char_wordstem(c("run", "running", "runs", "runner", "Run"))
## [1] "run" "run" "run" "runner" "Run"
```

输出显示，run、running和runs的词干相同，并将被统一视为它们的词干run处理；如果我们将Run转换为小写，它将与run相同。

通过将不同的词归纳到同一词干中，词条被聚合，对信息（如情感、活动、经验、计划、议程等）的统计分析从而得到改进。

我们以基于历年新加坡国庆群众大会（National Day Rally，NDR）演讲内容的语料库为例，进行情绪分析。每个文本文档都是单独的文本文件，它的文件名提供有关该文本文档的元数据。大多数文本挖掘包都可以分析以下格式的文本文档：

- 一个CSV或电子表格文件中的行；
- 文件夹中的TXT文件；
- 文件夹中的PDF文件；
- 文件夹中的Microsoft Word文档文件；
- 其他更少见的文件格式。

```
# 从默认的2个线程增加到可用的最大值，以加速计算
quanteda_options("threads" = 4)
# 从一个文件夹中导入文本文件
ndr.data <- readtext("<PATH>/ADA1/9_TM/NDR/*.txt",
                     docvarsfrom = "filenames",
                     docvarnames = c("Year", "Person", "Speech"),
                     dvsep = "_",
                     encoding = "UTF-8")
# 创建语料库
ndr.corpus <- corpus(ndr.data)
```

可以使用readtext()函数并修改其中的参数指定从文件名中提取的元数据（或文档变量）。这些数据可用于后续分析，以便在必要时方便地过滤语料库，例如，仅筛选2010年后特定人员或演讲类型的文本文档。

推荐使用UTF-8作为文本编码格式，而不是ASCII，因为它提供了更广泛的字符集，包括非英语字符，并广泛适用于不同的计算机系统（如Windows、macOS、Linux、UNIX等）。如果你必须准备文本文件，请尝试将其保存为UTF-8格式（如果可能的话），而不是默认的ASCII格式。

为了对演讲进行情绪分析，我们可以：

- 删除标点符号；
- 删除数字；
- 删除非索引字；
- 词干提取；
- 将所有单词转换为小写。

本例中，只有部分演讲稿中有几个非英语单词。因此，我们将只关注英语单词，以进行情绪分析：

```
ndr.tokens1 <- tokens(ndr.corpus, remove_punct = T, remove_numbers = T)
sum(ntoken(ndr.tokens1))
## [1] 237509
## 237509个词条

ndr.tokens2 <- tokens_remove(ndr.tokens1, pattern = stopwords('en'))
sum(ntoken(ndr.tokens2))
## [1] 117461
## 117461个词条

ndr.tokens3 <- tokens_wordstem(ndr.tokens2)
sum(ntoken(ndr.tokens3))
## [1] 117461
## 117461个词条

ndr.tokens4 <- tokens_tolower(ndr.tokens3)
sum(ntoken(ndr.tokens4))
## [1] 117461
## 117461个词条
```

在词干提取和将单词转换到小写的过程中，不会删除任何单词。因此，词条总数保持不变。不同的单词仍计为不同的词条。

现在，我们已准备好将词条与任何字典（或词汇表）进行比较，以为单词匹配情绪。作为演示说明，我们通过以下3个字典进行情绪分析：必应、NRC 和 Lexicoder。

为了方便学生，本书提供了CSV格式的必应字典和NRC字典字：bing.csv 和 nrc.csv。

必应字典是一个单词集，其中有些单词被故意拼错，因为它们会在社交媒体上被拼错。单词集中的单词已经被打上了表示正面或负面情绪的标签：

```
bing<-read.csv("<PATH>/ADA1/9_TM/lexicons/bing.csv",
               stringsAsFactors = F)
bing[sample(nrow(bing), 10),]
##               word sentiment
## 5335      sensation  positive
```

```
## 5354          severe   negative
## 3089         illusion  negative
## 4032             miff  negative
## 4173          mundane  negative
## 2917        hedonistic negative
## 3398         infuriate negative
## 4420     oversimplified negative
## 15             abrupt  negative
## 6121        tragically negative
```

必应字典由6786个单词组成，上面显示了抽取出的10个单词示例。每个单词都被标记为正面（positive）或负面（negative）情绪。

相比之下，NRC字典由13901个单词组成，每个单词都标为下列情绪之一：

- 正面（positive）；
- 负面（negative）；
- 愤怒（anger）；
- 期望（anticipation）；
- 厌恶（disgust）；
- 恐惧（fear）；
- 欢乐（joy）；
- 悲伤（sadness）；
- 惊喜（surprise）；
- 信任（trust）。

下面提供一个NRC字典的样例：

```
nrc <- read.csv("<PATH>/ADA1/9_TM/lexicons/nrc.csv",
                stringsAsFactors = F)
nrc[sample(nrow(nrc), 10),]
##             word sentiment
## 13005 unhappiness    sadness
## 7485          law      trust
## 7617          lie    disgust
## 362          ail   negative
## 6784   inefficient  negative
## 7      abandoned   negative
## 12542      toils   negative
```

```
## 201      admirable      trust
## 4922     favorable   surprise
## 13087       unpaid   negative
```

2015年的Lexicoder情感字典可以在quanteda软件包中找到。它与Bing和NRC的主要区别是除了肯定词和否定词之外，还提供了一个否定-肯定词列表（如not good）和双重否定词列表（如not evil）。

在R控制台运行?data_dictionary_LSD2015可知，该字典有2858个否定词、1709个肯定词、1721个否定-肯定词和2860个双重否定词。

下面是每个列表中这些单词的示例：

```
cat("\n Sample of 10 negative words in Lexicoder: \n")
##
## Sample of 10 negative words in Lexicoder:

data_dictionary_LSD2015[[1]][sample(2858, 10)]
## [1] "unhapp*"  "admonish*" "foundered" "virulent"   "madd*"
## [6] "illusory" "cast down*" "bully*"     "contraven*" "jeer*"

cat("\n Sample of 10 positive words in Lexicoder: \n")
##
## Sample of 10 positive words in Lexicoder:

data_dictionary_LSD2015[[2]][sample(1709, 10)]
## [1] "sustain*" "curious*" "willingly*" "supereminen*"
## [5] "zest*"    "brainy"   "outliv*"    "snug*"
## [9] "reassur*" "consistent"

cat("\n Sample of 10 negated positive words in Lexicoder: \n")
##
## Sample of 10 negated positive words in Lexicoder:

data_dictionary_LSD2015[[3]][sample(1721, 10)]
## [1]  "not amatory*"      "not fun"          "not cheerful*"
## [4]  "not perfects"      "not love"         "not notori*"
## [7]  "not under control" "not strifeless*"  "not superwomen"
## [10] "not champion*"

cat("\n Sample of 10 negated negative words in Lexicoder: \n")
##
## Sample of 10 negated negative words in Lexicoder:
```

```
data_dictionary_LSD2015[[4]][sample(2860, 10)]
##  [1]  "not jail*"         "not fractur*" "not unwelcom*"
##  [4]  "not whips"         "not vicious*" "not homeli*"
##  [7]  "not overcompensat*" "not roughed"  "not coerc*"
## [10]  "not fault"
```

单词末尾的星号是一个通配符占位符，表示零或任意数量的字符。例如：ru*可以表示run、runs、running、runner等等，只要这个单词以ru开头。

对于情感分析来说，否定词是很重要的。我们现在ndr.token1上（去掉标点符号和数字，但保留非索引字，未经词干提取）使用Lexicoder字典。你可以在练习中研究非索引字和词干化对情绪分析的影响：

```
dfm.lsd <- dfm(ndr.tokens1,
                dictionary = data_dictionary_LSD2015)
ndr.lsd.df <- convert(dfm.lsd, to = "data.frame")

# 用否定词的数量调整否定含义的数量
ndr.lsd.df$adj.negative <- ndr.lsd.df$negative +
                           ndr.lsd.df$neg_positive -
                           ndr.lsd.df$neg_negative

# 用否定词的数量调整肯定含义的数量
ndr.lsd.df$adj.positive <- ndr.lsd.df$positive +
                           ndr.lsd.df$neg_negative -
                           ndr.lsd.df$neg_positive
ndr.lsd.df$sentiment <- ndr.lsd.df$adj.positive -
                        ndr.lsd.df$adj.negative

# 通过删除words_National Day Rally.txt来简化文档名称
ndr.lsd.df$document = substr(ndr.lsd.df$document, start = 1,
                            stop = nchar(ndr.
                            lsd.df$document)-23)
```

程序输出略。

否定词的数量被用以调整否定含义和肯定含义的数量。太多的否定词会让读者困惑（例如"他不是一个不邪恶的人"）。与其说not good，不如说bad。在本例中，否定词（否定-肯定词和双重否定词）的使用较为谨慎。好的演讲者喜欢用短句，避免使用否定词，除非在逻辑上或情感上有必要这样做。

我们可以将情绪趋势可视化（结果如图10.3所示）：

```
sentiment.df <- data.frame(Year = substr(ndr.lsd.df$document,
start = 1, stop=4), Positive = ndr.lsd.df$adj.positive,
Negative = ndr.lsd.df$adj.negative,stringsAsFactors = F)
sentiment.df$Year <- as.integer(sentiment.df$Year)
library(ggplot2)
library(reshape2)
sentiment.long <- melt(sentiment.df, id = "Year")
colnames(sentiment.long)[2] <-"Sentiment"
colnames(sentiment.long)[3] <-"Score"
ggplot(data = sentiment.long, aes(x = Year, y = Score,
  colour = Sentiment)) +
  geom_line() +
  labs(title = "Figure 10.2: Sentiment Scores of Singapore
                National Day Rally
                Speeches (2001 - 2018)",
      subtitle = "Adjusted for negated words",
      caption = "Text Sources: PMO & NAS. Rcode: Chew C.H.
                (2019). Analytics,Data Science and Artificial
                Intelligence. Vol. 1. Chap. 10.") +
  annotate(geom = "text", x = 2004, y = 960, label = "New
Prime Minister")
```

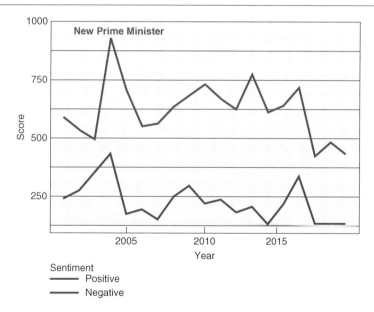

图10.3　演讲情绪得分（2001～2018年，根据否定词进行调整）

我们还可以将2004年以来使用频率最高的信息性词汇可视化为词汇云（结果如图10.4所示）：

```
# 使用元数据对语料库划分子集
ndr.recent.corpus <- corpus_subset(ndr.corpus, Year >= 2004)
# 从DFM中移除非索引字，并修剪掉低频词
ndr.recent.dfm <- dfm(ndr.recent.corpus, remove = stopwords('en'),
remove_punct = TRUE) %>% dfm_trim(min_termfreq = 100, verbose = FALSE)
set.seed(2014)
textplot_wordcloud(ndr.recent.dfm, max_words = 100)
title("Figure 10.3: NDR Wordcloud", col.main = "grey19")
```

图10.4　NDR的词汇云

在代码中，我们使用管道操作符 %>% 将DFM对象从操作符左侧的函数输入到它右侧的函数中，从而在提高代码清晰度的同时减少了代码量。其思想是将依赖的对象和函数按指定的顺序连接在一起。一个很长的代码序列可以通过在一个链中加入几个 %>% 的管道来缩短。如果你有兴趣学习在你的R代码中使用管道操作符，请搜索标题为"Simplify Your Code With %>%"的文章。

10.5　结论

字典在文本挖掘中起着关键作用，因为字典允许我们将单词与

字典中定义的标准列表进行比较。我们使用data_dictionary_LSD2015情绪字典作为标准列表，比较演讲稿中的情绪。有许多其他的字典用于情绪分析（如必应和NRC等）和其他目的。

此类字典由个人或组织编写。你还可以为特殊目的创建自己的自定义字典。dictionary()函数可以创建由用户定义的自定义字典。

通过文本挖掘，我们可以快速自动处理和分析大量文本文档。此功能会带来新的发现、见解和应用场景：我们可以快速分析所有客户情绪，并在极短的时间做出响应；调查人员需要依据汇总结果和危险信号做出行动时，可以通过挖掘所有文本文档，而不是仅挑选出一小部分样本文本并人工阅读来获得数据；人力资源部可以在几秒内处理数千份求职申请和简历……

通过将文本挖掘的统计摘要与现有结构化数据相结合，我们大大提高了信息的价值。2016年，一个税务监管机构使用混合技术成功发现了一起复杂的逃税案件及其涉案人员的社交网络。

文本挖掘可揭示隐藏在非结构化文本中的信息和现有结构化数据的价值。

概念练习

1. 字符串操作和文本挖掘有什么区别？

2. 词条和DFM有什么区别？

3. 字典的目的是什么？

4. 在情绪分析之前使用词干提取会造成什么影响？

5. 在情绪分析之前使用非索引字处理会造成什么影响？

6. quanteda包中的dictionary()函数可创建自定义字典，但自定义列出的单词可能具有非常低的调用次数（甚至调用次数为0）。提出一种方法，改进自定义字典中单词，使之可与语料库中的单词成功匹配。

计算练习

1. 在对10.4节中的语料库进行情感分析之前执行词干提取，并预测结果与本章的例子相比会有什么不同。

2. 在对10.4节中的语料库进行情绪分析之前执行非索引词处理，并预测结果与本章的例子相比有什么不同。

3. 使用quanteda包中的`dictionary()`函数创建一个自定义字典。在10.4节中的语料库中，有多少词与下列内容相关？

   - 家庭（family）；
   - 经济和就业（econnmy and jobs）；
   - 教育（education）；
   - 其他你感兴趣的话题。

4. 指定了`pattern`参数的`phrase()`函数或`tokens_compound()`函数允许将多个单词短语识别为一个特征。在10.4节的语料库中提到过多少次婴儿奖金（baby bonus）？第一次提到是什么时候？最后一次提到是什么时候？相关的福利内容是什么？谁有资格获得该福利？

5. 对电影评论语料库（请在GitHub搜索quanteda.corpora）进行文本挖掘。哪部电影的评论最好？为什么？哪部电影的评论最差？为什么？

第11章
结束感想和后续计划

　　没有一个模型可以提供对未来事件的完美预测，除非你对情况有完美的了解。

　　"预测"结果变量 Y 的完美模型可以用公式来表达，如 $A=\pi r^2$ 是"预测"圆面积的完美模型。它只需要一个信息，也就是圆的半径。这个公式代表了我们对如何计算圆面积的完美认知。

　　在许多其他应用中，例如，股票价格预测、疾病预测、欺诈预测、贷款申请结果预测，我们并没有完美的认识，但需要立即预测出结果。这个预测结果将帮助我们为不确定的未来做好准备。我们可以使用模型计算预测值。

　　由于知识不完善，预测模型的错误是不可避免的。我们的目的不是构建完美的模型，而是构建一个适合此目的的、足够好的模型。回想一下第2章中讨论的完美模型谬论。我们需要指定足够好的标准，并明确模型的目的。

　　来自 Netflix 的 100 万美元奖金所寻找的预测模型需要在一个看不见的测试集中，将已有模型中客户电影评级的 RMSE 减少至少 10%。

　　在本书中，我们学习了如下有关 ADA 的重要概念：

- 完美模型谬论；
- 预测模型性能评估；
- RMSE；
- 混淆矩阵（假阳性与假阴性）；
- 训练集与测试集；

- 10折交叉验证；
- 多重共线性和VIF；
- 模型的复杂度和过拟合；
- 确定模型复杂度的模型超参数（例如：CART模型中确定终端结点数的α）；
- 文本挖掘中的词条和字典。

我们还学习了以下3种模型：

- 线性回归；
- 逻辑回归；
- CART。

线性回归的模型诊断检查是实际应用中的最佳做法。但是，如果某些模型的假设与数据不一致，会发生什么？我们在第6章提出了一种处理此类问题（即非线性问题）的方法。对于非恒定方差，我们可以使用分位数回归；为了更灵活地适应数据，我们可以使用MARS。这些是将在本系列图书的卷2中处理的高级主题。

经过本书的基础学习，我们可以学习卷2中更先进的技术。自助法是现代统计学中最重要的突破之一，可以用来从模型中提取更多的见解。随机林（CART的增强版本）是具有更高级别预测精度的模型之一，提供了更可靠的可变重要性指标。这些技术将在卷2中得到仔细解释。

训练-测试原则是本书中解释的关键概念，但训练-测试的标准实践易受操作方式和运气的影响，进而损害测试集精度的完整性。k折交叉验证更可取，因为它可以给出更可靠的估计，且作为CART的一部分而被原生设计和实现。但不幸的是，在其他模型中没有提供类似的原生方法。

在卷3（机器学习）中，我们将解释k折交叉验证的2种不同用途，并展示在选择不同模型的情况下如何设计和执行k折交叉验证。我们将在更深的层次上明确完美知识、不完美知识的概念，并阐明模型如何从数据中自动学习。

附录 A

R 和 RStudio 的安装

R 和 RStudio 都是开源的免费软件。需要先安装 R，然后才能安装 RStudio——RStudio 需要 R 才能工作。此后，每当我们使用 RStudio，我们其实就是在使用 R。可以把 R 比作汽车发动机，而 RStudio 是车身与车内的真皮座椅。RStudio 使 R 更易用、更舒适。安装完两个软件程序后，我们将仅需要使用 RStudio。

A.1 下载安装 R

如果你尚未安装 R，请转到 R 的网站下载 R。你可以以"R"作为关键词进行搜索，以访问 R 的网站，如图 A.1 所示。

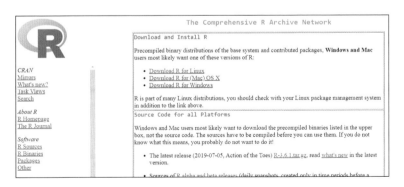

图 A.1 下载 R

根据你所用计算机的操作系统不同（Linux、macOS或Windows），访问正确的链接转到下载页面（如图A.2所示）。

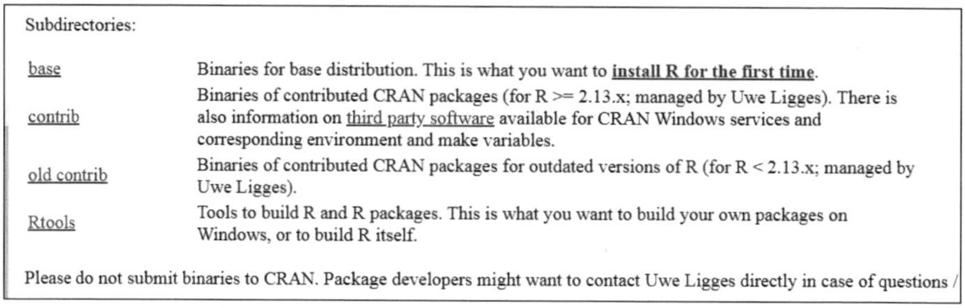

图A.2　R的下载页面

我们只需要下载基础版即可。任何其他R包都可以在RStudio中下载。单击"base"跳转到图A.3所示页面。

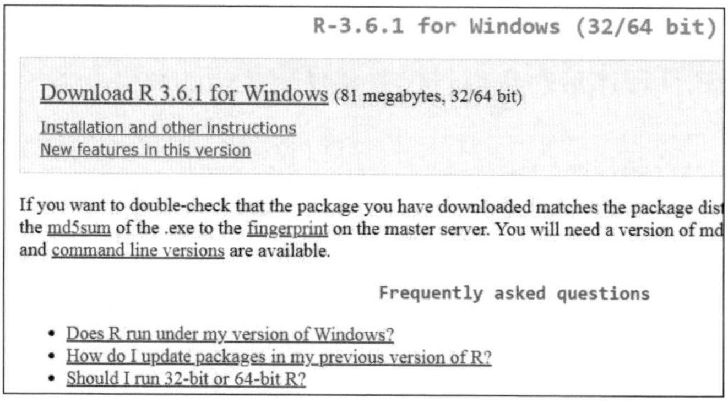

图A.3　下载Windows版本的R

单击形如"Download R ××× for ×××"的链接将开始下载最新版本的R。截至2019年10月，最新版本为3.6.1。图A.3中，我将要下载Windows版本。macOS用户需要下载Mac版本，而不是Windows版本。

下载完成后，运行安装文件以启动安装过程。在安装过程中接受所有软件默认选项。如果需要，你也可以未来在从程序内更改默认选项。

A.2　下载安装 RStudio

安装完R以后，你可以以"RStudio"作为关键词进行搜索，到RStudio的网站下载免费且开源的RStudio桌面版，如图A.4所示。

Installers for Supported Platforms			
Installers	Size	Date	MD5
RStudio 1.2.5001 - Ubuntu 18/Debian 10 (64-bit)	105.43 MB	2019-09-19	f108e4d5c1b6c19690378b3ca0990249
RStudio 1.2.5001 - Debian 9 (64-bit)	105.70 MB	2019-09-19	23dca12a5e0a0849522f05b4a8600ce8
RStudio 1.2.5001 - Fedora 28/Red Hat 8 (64-bit)	120.90 MB	2019-09-19	45eab0baf8d0504d183f09c8d40ae704
RStudio 1.2.5001 - macOS 10.12+ (64-bit)	126.86 MB	2019-09-19	a4d8ee737818158b272450eaad4bdc4f
RStudio 1.2.5001 - SLES/OpenSUSE 12 (64-bit)	99.04 MB	2019-09-19	ca94a9bb7e7f5474eedd233ddeef14d6
RStudio 1.2.5001 - OpenSUSE 15 (64-bit)	107.12 MB	2019-09-19	2a40768fdc5c5f97cd1d40628bf8aaad
RStudio 1.2.5001 - Fedora 19/Red Hat 7 (64-bit)	120.27 MB	2019-09-19	14bc52d6f78bc4ee22abff2298be919f
RStudio 1.2.5001 - Ubuntu 14/Debian 8 (64-bit)	96.93 MB	2019-09-19	c19b0ece90130bed7248c1bf6001c647
RStudio 1.2.5001 - Windows 10/8/7 (64-bit)	149.83 MB	2019-09-19	c54d8779f363ec9636c7831e577521hd

图A.4　选择一个安装程序

根据你所用计算机上运行的操作系统选择正确的安装程序。你可能需要管理员权限才能安装RStudio。

如果你没有安装程序的管理员权限，请向下滚动到Zip/Tarballs页面（如图A.5所示）并下载ZIP文件。你可以解压缩该文件并直接运行RStudio，而无须安装它。

Zip/Tarballs			
Zip/tar archives	Size	Date	MD5
RStudio 1.2.5001 - Ubuntu 18/Debian 10 (64-bit)	155.84 MB	2019-09-19	286d68be9d35ad82be0174277ffbf92f
RStudio 1.2.5001 - Debian 9 (64-bit)	156.12 MB	2019-09-19	0f973739d7a4203dd7fa1930d2fe2c54
RStudio 1.2.5001 - Fedora 19/Red Hat 7 (64-bit)	155.26 MB	2019-09-19	d359327d6648178cd5736aba8198aeb0
RStudio 1.2.5001 - Ubuntu 14/Debian 8 (64-bit)	144.33 MB	2019-09-19	e6bab77a3d5e103cf2d830fce5c1733b
RStudio 1.2.5001 - Windows 10/8/7 (64-bit)	219.03 MB	2019-09-19	f3de7ececc58e8f517b51b2f6f7b7a44

图A.5　下载ZIP（或TAR）包

A.3　在 RStudio 中将 R 升级到最新版本

每隔几个月，都会有新版本的 R 发布。而你并不需要始终使用最新的版本，除非需要使用最新版本中的某个 R 包。

有几种方法可以更新 R。最直接的方法是手动从网站下载最新的 R 版本，然后重新安装。你还需要下载或更新外部 R 包，这可能需要一些时间和精力。

对于 Windows 操作系统，手动安装更新的替代方法是使用 R 的 installr 包。在 Windows 的 RStudio 中运行以下代码：

```
install.packages("installr")
library(installr)
updateR()
```

installr 包中的 updateR() 函数将下载最新版本的 R，自动复制和更新所有现有的 R 包，并在完成后删除安装文件。此功能将为你节省大量时间和精力。

对于 macOS，为了节省更新 R 的时间和精力，你可以使用 updateR 包而不是 installr 包。在 Mac 版本的 RStudio 中运行以下代码：

```
install.packages('devtools')
library(devtools)
install_github('andreacirilloac/updateR')
library(updateR)
updateR(admin_password = 'Admin user password')
```

附录B

基本的R命令和脚本

本附录的目的是帮助你尽快使用RStudio软件提高工作效率。阅读本附录后，你不会成为R专家，但会知道足够的知识，以开始使用R进行ADA或机器学习的实践。

RStudio只是一个工具。在本书中，你会在R中编写脚本：只需非常短、简单的R代码来调用R函数和包，从而完成工作。R脚本比R编程简单得多。本书不会教你成为一个R程序员。本书的重点是概念。无论你选择什么软件，概念都是一样的。如果对概念的理解不足，即使是顶级程序员也会写错代码，然后错误地解释结果。

在本书中，我们使用R；在卷2和卷3中，我们将使用Python和SAS。了解多个ADA和机器学习行业标准软件包的优势和局限性是很好的。这些知识对学习和事业都大有作为。不过，我会进一步将脚本上传到配套资源中，以便清楚地了解如何在不同的软件中实现相同的概念。软件包只是执行概念的工具。重点是关注概念。

B.1　RStudio 界面的 4 个面板

左上角的面板中输入和保存R脚本。首次打开RStudio时，此面板处于隐藏状态，因为此时还没有R脚本。单击File → New File → R Script以打开空白的新脚本，或单击任何脚本文件以打开现有脚本。

如图B.1所示，左上角面板的第一个选项卡是一个R脚本，第

275

二个选项卡是一个数据表，用于以电子表格格式查看数据。你可以打开多个R脚本。如果对脚本进行任何更改，标题将更改颜色并添加星号以提醒你更改未保存。可以点击Save按钮进行保存，或者按Ctrl+S组合键。对于使用R的所有操作都只需要保留R脚本。R脚本提供了在R中完成的所有分析工作的记录，从而提供了可复现的结果。

R脚本只是按顺序执行的代码列表。你可以在此规划和测试代码。此时代码尚未执行。若要执行代码，必须将代码发送到R控制台（如图B.2所示）进行执行。

R控制台一般位于左下角面板（图B.2中位于右上角）。这是执行所有R代码并显示代码完成结果的地方。可以直接在R控制台上查看结果，或将结果保存为对象，稍后再查看或进一步处理。此处还显示错误消息（如果有的话）和警告（如果有的话）。

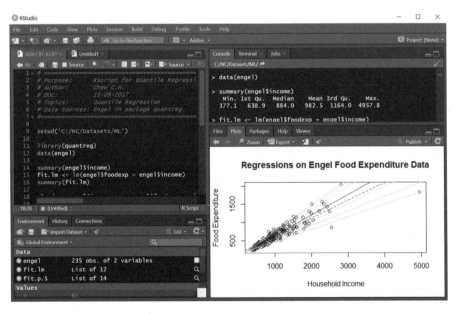

图B.1 RStudio中的R脚本

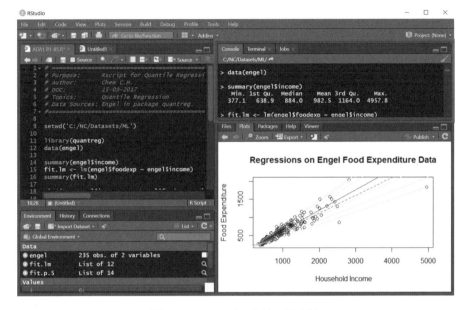

图B.2　RStudio中的R控制台

有几种执行R代码的方法：

1. 在R控制台提示符（>）后直接输入R代码，然后按Enter。

2. 将R脚本中的R代码直接发送到R控制台。你可以从以下方法中选择：

   - 点击Run按钮或按Ctrl +Enter组合键来发送一行R代码；
   - 单击Source按钮，运行从开始到结束的所有R代码（如图B.3所示）；
   - 在菜单的Code → Run Region中运行一个R代码块。

我不建议将R脚本代码复制并粘贴到R控制台，因为这样很低效。推荐使用上面的步骤。

R环境面板（如图B.4所示）列出了保存在内存中的R对象，供使用或查看。R对象可以是以下任何一个对象：

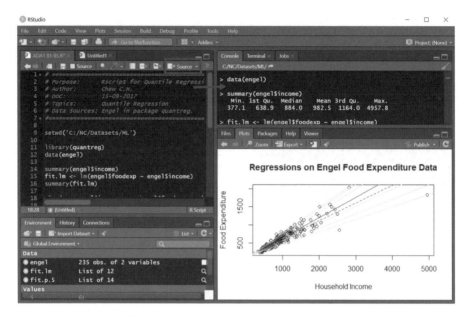

图B.3　Source按键将所有R代码从脚本（从第一行到最后一行）发送到控制台
并执行，这是执行R代码的几种方法之一

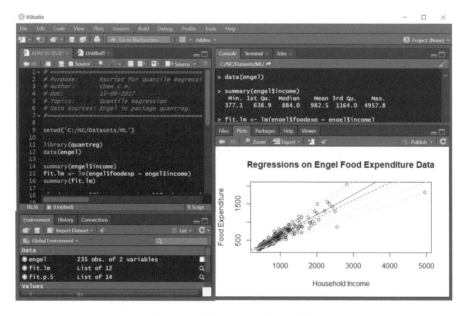

图B.4　RStudio中的环境面板

- 单值变量（即常数）；
- 向量；
- 矩阵（即一组具有相同数据类型的元素）；
- 数据帧（即以表格式设置的数据，每列可能有不同的数据类型）；
- 列表（即R对象的集合）。

模型的设置和结果（线性回归、逻辑回归、CART、神经网络等）通常保存为列表对象。

图、包和帮助选项在右下角的面板（如图B.5所示）。可以通过Packages选项卡搜索和安装现有的可用R包和新的R包。通过在R控制台中执行libpaths()可以看到存储所有R包的文件夹位置。

对于Plots选项卡下的绘图结果，经常会出现关于图边距的错误信息。如果绘图区域太小，可以使用鼠标指针放大该面板。

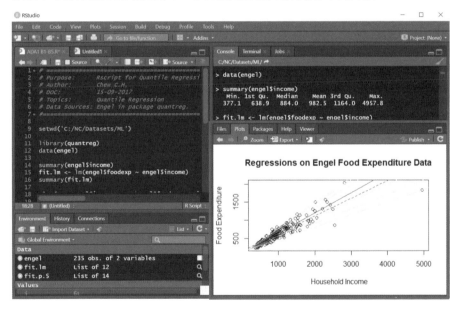

图B.5　RStudio中的图、包、帮助

通常，我们需要检查关于特定函数、包或内置数据集的文档，以便正确使用它。在R控制台输入?后紧接函数、包或数据集的名称

279

（如?mean），即可在Help选项卡中看到作者编写的文档。

面板布局、外观和其他选项可以在Tools→Global Options中更改，如图B.6所示。在教学中，我更喜欢把R控制台放在右上角，这样学生就能更轻松地看到结果（如图B.2所示）。

图B.6　更改RStudio中的窗格布局

B.2　检查和设置工作目录

运行R时，需要始终有一个工作目录。工作目录是R将搜索要导入的数据集和导出在R中处理的数据集和结果的默认文件夹。要检查当前工作目录，请在R控制台上运行getwd()函数。

在图B.7中，我当前的工作目录显示为D:/Dropbox/Datasets。

图B.7　显示工作目录

若要将工作目录更改为其他文件夹，请使用`setwd()`函数。如图B.7所示，我的新工作目录是D:/Dropbox/Datasets/ADA1。请使用引号`""`和反斜杠`\`，不要使用正斜杠`/`。

若要验证工作目录是否已更改，请再次运行`getwd()`函数。

更改工作目录的另一个方法是通过菜单找到Session→Change Working Directory→Choose Directory（也可以按Ctrl +Shift + H组合键）。

B.3　将数据输入 RStudio

在运行任何数据分析之前，你需要将数据输入RStudio。有两种方法可以做到这一点：

- 在RStudio中创建数据；
- 将数据导入RStudio。

若要在RStudio中创建数据，需要先创建变量以存储数据值。图B.8显示了如何在R控制台中创建两个变量`x`和`y`：

图B.8　在R控制台中创建变量

变量`x`的值为`3*4=12`（为常量）。`<-`是赋值操作器，它右侧的对象将被保存并赋值给它左侧的对象。

变量y被分配有序值(2,4,6)，因此是一个向量。若要获取向量y中的第二个元素，请使用方括号。例如，y[2]会得到4，因为4是向量y中的第二个元素。

要将数据导入RStudio，首先需要知道要导入的数据文件的数据格式。一种流行的数据文件格式是CSV，因为它简单易用、可以开放使用，并且可被几乎任何软件系统（如Excel、R、Python、SAS、SPSS、Matlab、Java、C、记事本、微软SQL、Oracle、PostgreSQL等）轻松读取。你可以使用read.csv()函数将CSV文件导入RStudio（如图B.9所示）。

图B.9　向RStudio中导入一个CSV文件

CSV数据文件german_credit.csv存放在文件夹D:/Dropbox/Datasets/ADA1/2_Fundamentals中，并被保存为RStudio中的对象data1。你需要首先将数据集放在工作目录中。如果CSV文件不在工作目录中，则需要指定该文件的路径，否则R无法知道文件的位置。

相比之下，mtcars是基础R中已有的标准数据集，因此无须导入。我们可以直接创建mtcars数据集的副本作为data2。

可以在R环境面板中快速查看所有R对象（如图B.10所示）。

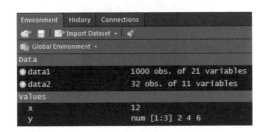

图B.10　在环境面板中显示R对象

环境面板显示如下。

- `data1`：包含1000行21列的数据帧。
- `data2`：包含32行11列的数据帧。
- `x`：数值12。
- `y`：包含3个元素的数字向量。

单击数据帧旁边的蓝色箭头按钮可显示其中包含的列和各列的数据类型（如图B.11所示）：

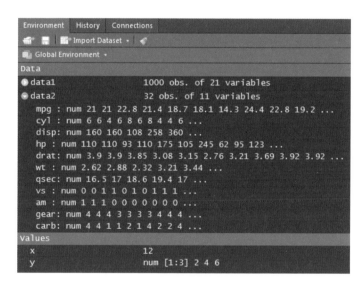

图B.11　显示数据帧中的内容

在data2中，11列都是数值数据（即实数，可能有小数）。与矩阵不同，数据帧允许具有不同数据类型（例如整数、数值、因子、字符等）的列同时存在。当然，每列只能有一个数据类型。

数据列的数据类型是重要信息，有时，数据类型会被错误地猜测。在R中，可以使用class()函数或str()函数在R控制台上查看列信息（如图B.12所示）。

data2$wt表示查看data2中的wt列，因为可能还有其他具有相同列名称的数据帧。R中部分数据类型显示在表B.1中。

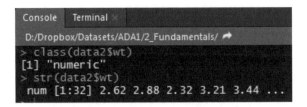

图B.12　查看列中的数据类型

表B.1　R的部分类型

数据类型	举例
整数	1、-5
数字	1.0、-5.23
逻辑	TRUE、FALSE
分类（或R中的Factor）	M、F
文本字符	"Bill Gates"、"This book is very good, you know."

对于非CSV数据文件（例如XLSX文件、文本、数据库表、网站等），还有其他R函数可以将它们导入。

B.4　R中的对象命名约定

之前我们命名对象为x、y、data1、data2。在R中命名对象时，规则为：

- 对象名称必须以字母开头；
- 在第一个字符之后，后续字符可以是字母、数字、下划线或圆点。

R语言对于拼写和大小写敏感。R_is_good、r_is_good和R.is.good是不同的对象。

B.5 R 中的通用运算符

表 B.2 列出了 R 的一些常见运算符。

表 B.2　R 的一些常见运算符

运算符	描述
+	加
−	减
*	乘
/	除
^	幂
X %% Y	取余，等同于 X mod Y（例如 5 %% 2 得到 1）
X %/% Y	取整（例如 5 %/% 2 得到 2）
<	小于
<=	小于等于
>	大于
>=	大于等于
==	判定左侧对象是否等于右侧对象
!=	判定左侧对象是否不等于右侧对象
!X	取非
X | Y	X 或 Y（如果 X 或 Y 有一个为真，则结果为真）
X & Y	X 且 Y（如果 X 和 Y 均为真，则结果为真）
isTRUE(X)	如果 X 为真，则结果为真
Length(X)	X 中元素的个数
is.na(X)	指示 X 中缺失的元素

B.6 R 函数

要了解 R 中的计算，有两个口号非常有用：

存在的一切都是一个对象。

发生的一切都是函数调用。

——约翰·钱伯斯[1]

---

① S 编程语言的创造者、R 编程语言项目的核心成员、斯坦福大学统计学副教授。

函数是R中最重要的元素。大多数时候，你使用的函数是由其他人定义的。有时你必须定义或创建自己的函数。在本书中，创建函数是可选择学习的内容。在卷2中关于引导的章节中，函数的创建则是需要掌握的。

在R控制台中，键入?mean以查看mean()函数的帮助文档（如图B.13所示）。

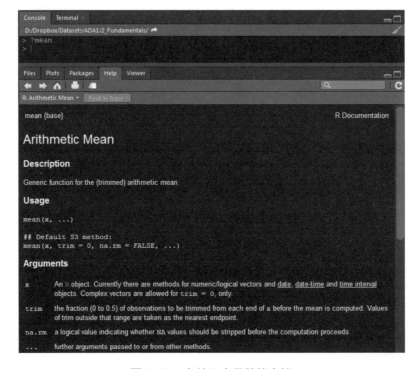

图B.13 有关R中函数的文档

文档（由函数创建者提供）告诉我们mean()函数具有3个显式参数：

- x；
- trim = 0；
- na.rm = FALSE。

x是一个必填参数：mean()函数的任何调用都必须提供x。trim和na.rm是可选参数：如果用户未指定，则使用它们的默认值；如果用户指定，默认值将被覆盖。有关这些参数的更多详细信息，请阅读帮助文档。

B.7 创建你自己的 R 函数

任何人都可以创建函数。函数需要输入参数（分为必填参数和可选参数）和输出结果，它们可以是值或由值组成的向量。以下是我定义的sum3()函数：

sum3(x,y,z=1)返回x+2y+z的值

x和y是必填参数，z是默认值为1的可选参数。因此：

- sum3(1,2)得到1+2×2+1=6；
- sum3(2,1)得到2+2×1+1=5；
- sum3(y=2,x=1)得到1+2×2+1=6；
- sum3(1,2,-1)得到1+2×2-1=4。

R将无法计算sum3(1)而出现错误消息。用户必须同时指定x和y。

如果用户未指定参数的名称，sum3()函数中的未命名值将遵循函数创建者定义中的顺序：x是第一个值，y是第二个值。

若要在R中创建sum3()函数，请运行以下R代码：

```
sum3 <- function(x, y, z = 1) {
    ans = x + 2*y + z
    return(ans)
}
```

function()语句创建函数，并为其分配名称sum3。sum3需要3个输入参数，函数的输出在return()函数中指定。在这个例子中，输出是变量ans（如图B.14a所示）。

之后就可以在环境面板中看到sum3()函数（如图B.14b所示）。这个时候，你就可以使用上面的数字示例测试sum3()函数（如图B.14c所示）。

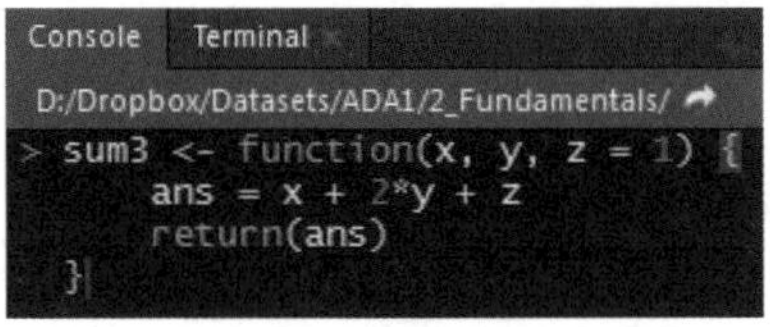

(a) 创建函数

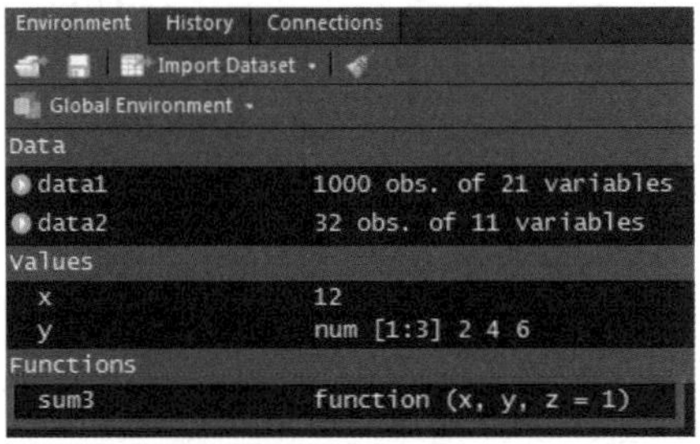

(b) 环境面板中的**sum3()**函数

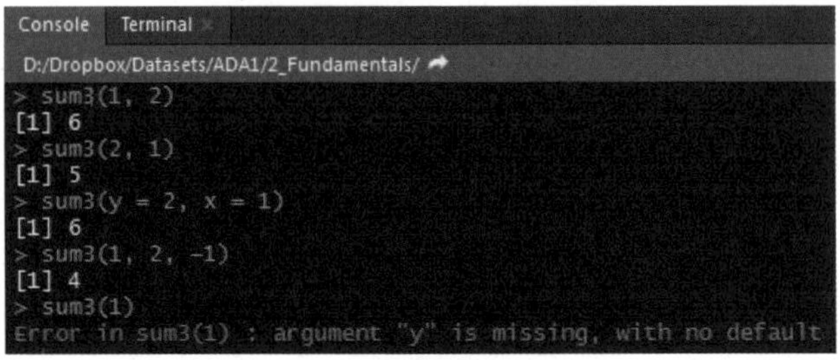

(c) 测试函数

图B.14 **sum3()**函数的创建和测试

B.8 练习R

1. x <(1,3,7,8) 这段R代码有什么问题？

2. 在R代码中y = 2和y == 2的区别是什么？

3．为什么我们必须使用 `mtcars$wt` 而不是 `wt` 来获得 `mtcars` 中的 `wt` 列？

4．在哪里可以阅读关于R中的特定函数、包或数据集的文档？

5．我们如果不知道函数名或包名，可以在哪里找到正确的R代码来做一些事情？

6．标准的R数据集InsectSpray（其中I和S是大写）中的2列数据是什么类型？提示：运行代码 `data("InsectSpray")` 来加载数据集，并运行 `view(InsectSpray)` 来查看数据。

7．复制R中的标准数据集 `mtcars`。其中的 `am` 列的数据类型是什么？它应该是整数、小数、分类数据还是逻辑值？如何在我们复制出的副本中将 `am` 的数据类型转换为分类数据？